R 통계학 총서 ④

R과 함께하는 판별분석과 로지스틱 회귀분석

배현웅 · 방성완 지음

R 통계학 총서는 계속 발간됩니다

KYOWOOSA 教友社

머리말

반응변수가 연속형인 경우, 하나 또는 그 이상의 설명변수에 의하여 이 반응변수가 어떻게 설명되고 예측되는지를 분석하는 통계분석기법을 회귀분석이라 한다. 하지만 반응변수가 연속형이 아니라 범주형일 경우, 반응변수와 설명변수간의 관계를 분석하기 위해서 어떠한 통계분석기법이 사용되어야 할까? 이 책에서는 이러한 경우에 사용되는 통계적 분석기법인 판별분석과 로지스틱 회귀분석에 대하여 다루었다.

이 책은 총 2개의 장 즉, 1장은 판별분석, 2장은 회귀분석으로 구성되어 있다. 각 장에서는 분석기법에 대한 이론을 여러 예제를 이용하여 쉽게 이해할 수 있도록 하였으며, 또한 각 예제를 풀기위한 R 프로그램의 작성 방법과 작성된 프로그램의 실행으로부터 출력된 결과에 대한 설명을 포함하였다. 따라서 이 한권의 책이면 R을 이용하여 판별분석과 회귀분석을 실시하고자 하는 독자들에게 커다란 도움이 될 것이라고 필자는 감히 자신있게 말할 수 있다.

유난히도 무더웠던 올 여름, 설상가상으로 심각한 전력난으로 인한 정부의 고에너지 절약정책에 따르다 보니 에어컨 대신 탁상용 선풍기를 틀어놓고 원고 작업을 하다 보니 그 어느 때보다도 힘들게 이 책을 마무리하게 되었다. 하지만 이렇게 한권의 책이 완성되었다는 기쁨에 그동안의 힘들었던 순간들이 겨울에 눈녹듯이 사라져 버리는 것 같다.

이 책을 흔쾌히 출판해 주신 오판근 교우사 사장님께 깊은 감사를 드린다.

2012년 여름, 화랑대에서
저자 씀

차 례

제1장 판별분석 / 1

제2장 로지스틱 회귀분석 / 63

Chapter 1

판별분석

제 1 장 판별분석

판별분석(discriminant analysis)은 여러 집단에서 추출된 표본으로부터 집단을 잘 구별해 줄 수 있는 함수식 또는 분류규칙을 도출한 후, 이를 이용하여 새로운 관측대상이 어느 집단에 속하는지를 판별하고자 할 때 사용되는 다변량 통계분석기법이다.

판별분석에서 가장 간단한 경우는 집단의 수가 두 개인 경우이다. 이 책에서는 집단이 두 개인 경우의 판별분석과 그 이상인 경우의 판별분석으로 나누어 설명하도록 할 것이다.

1-1 집단이 두 개일 경우의 판별분석

이 절에서는 판별분석에서 최적인 분류규칙을 도출하기 위해서 어떠한 사항들이 고려되어져야 하는지에 대하여 먼저 알아본 후, 이어서 모집단이 특정분포를 따를 경우의 분류규칙에 대하여 알아보도록 할 것이다.

1.1.1 최적인 분류가 되기 위한 분류규칙

판별분석에서 좋은 분류방법이란 오분류(misclassification)가 최소로 되는 방법을 말한다. 오분류를 최소로 만들기 위해서는 먼저 사전확률(prior probability)이 고려되어져야 한다. 사전확률이란 임의의 한 관측값이 특정 집단에 속할 확률을 말한다. 예를 들어 우리나라 전체 기업 중에서 도산하는 기업은 우량기업에 비하여 그 수가 적을 것은 자명하므로 전체 기업 중에서 어떤 한 기업이 도산할 확률은 0.5보다 훨씬 적어야 할 것이다. 따라서 임의로 한 기업을 선택하여 그 기업이 도산할 확률을 이야기할 때 그 기업이 도산할 것이라는 확실한 근거가 없는 한 우리는 그 기업이 도산할 확률을 0.5라고 이야기해서는 안될 것이다. 따라서 최적인 분류규칙을 설정하기 위해서는 바로 이러한 사전확률이 고려되어져야만 한다.

최적인 분류를 위한 또 다른 고려 요소는 비용이다. 예를 들어 은행이 실제로 도산할 기업을 도산하지 않을 것이라고 잘못 판단하여 대출을 해줄 때 발생하는 손실비용은 실제로 도산할 가능성이 없는 기업을 도산할 기업으로 판단하여 대출을 해주지 않는 경우보다 그 손실비용이 훨씬 클 것이다. 따라서 최적인 분류방법이 되기 위해서는 가능하다면 오분류와 관련된 손실비용도 고려되어져야만 한다. 이 절에서는 사전확률과 오분류 비용을 고려할 때 최적인 분류규칙이 어떻게 설정되는지 알아보도록 할 것이다.

서로 다른 두 모집단 G_1과 G_2가 있고, 각 모집단에서 p개의 확률변수 $X_1, X_2, \cdots, X_p$로 이루어진 확률벡터 $\boldsymbol{X}' = (X_1, X_2, \cdots, X_p)$의 확률밀도함수를 각각 $f_1(\boldsymbol{x})$와 $f_2(\boldsymbol{x})$라 하자. 그리고 표본공간 S에서 R_1을 모집단 G_1에 속하는 $\boldsymbol{x}$ 값들의 집합, R_2을 모집단 G_2에 속하는 $\boldsymbol{x}$ 값들의 집합이라 하자. 이때 모든 관측값들은 모집단 G_1 또는 G_2 중 어느 하나에 반드시 속하게 되므로 R_1과 R_2는 상호배반이 되며, 따라서 표본공간 $S = R_1 \cup R_2$가 된다.

임의의 관측값 $\boldsymbol{x}$가 실제 모집단 G_1에 속하지만 모집단 G_2에 속한다고 잘못 판단할 조건부확률을 계산하면

$$P(2|1) = P(\boldsymbol{X} \in R_2 | G_1) = \int_{R_2} f_1(\boldsymbol{x}) d\boldsymbol{x} \tag{1.1}$$

가 되고, 이와는 반대로 실제 모집단 G_2에 속하지만 모집단 G_1에 속한다고 잘못 판단할 조건부확률은

$$P(1|2) = P(\boldsymbol{X} \in R_1 | G_2) = \int_{R_1} f_2(\boldsymbol{x}) d\boldsymbol{x} \tag{1.2}$$

가 된다.

관측값 $\boldsymbol{x}$가 모집단 G_1에 속할 사전확률 $P(\boldsymbol{X} \in R_1)$을 p_1, 모집단 G_2에 속할 사전확률 $P(\boldsymbol{X} \in R_2)$을 p_2라 하자. 이때 관측값을 올바르게 판별(정분류)할 확률과 잘못 판별(오분류)할 확률은 사전확률과 조건부확률의 곱으로 각각 다음과 같이 나타낼 수 있다.

$$P(G_1\text{으로 정분류}) = P(\boldsymbol{X} \in R_1 | G_1) P(G_1) = P(1|1) p_1$$

$$P(G_1\text{으로 오분류}) = P(\boldsymbol{X} \in R_1 | G_2) P(G_2) = P(1|2) p_2$$

$$P(G_2\text{로 정분류}) = P(\boldsymbol{X} \in R_2 | G_2) P(G_2) = P(2|2) p_2$$

$$P(G_2\text{로 오분류}) = P(\boldsymbol{X} \in R_2 | G_1) P(G_1) = P(2|1) p_1$$

오분류 비용(cost of misclassification)이란 판별을 잘못함으로써 발생하게 되는 손실 비용을 말한다. <표 1>에서와 같이 실제로는 G_1에 속함에도 불구하고 G_2로 분류함에 따른 오분류 비용을 $c(2|1)$, 이와는 반대로 실제로는 G_2에 속하지만 G_1으로 분류함에 따른 오분류 비용을 $c(1|2)$라 하자.

〈표 1〉 오분류 비용

실제 현상 \ 분류 결과	G_1	G_2
G_1	0	$c(2\|1)$
G_2	$c(1\|2)$	0

이때 오분류 기대비용 ECM(expected cost of misclassification)은 오분류 비용과 해당 오분류 확률을 곱하여 모두 더한 값 즉,

$$\text{ECM}=c(2|1)P(2|1)p_1+c(1|2)P(1|2)p_2$$

로 정의된다. 따라서 식 (1.1)과 (1.2)로부터

$$\begin{aligned}\text{ECM}&=c(2|1)P(2|1)p_1+c(1|2)P(1|2)p_2\\&=c(2|1)p_1\int_{R_2}f_1(\boldsymbol{x})d\boldsymbol{x}+c(1|2)p_2\int_{R_1}f_2(\boldsymbol{x})d\boldsymbol{x}\end{aligned}$$

가 되고, 여기서 표본공간 $S=R_1\cup R_2$이므로

$$1=\int_S f_1(\boldsymbol{x})d\boldsymbol{x}=\int_{R_1}f_1(\boldsymbol{x})d\boldsymbol{x}+\int_{R_2}f_1(\boldsymbol{x})d\boldsymbol{x}$$

가 성립하므로 오분류 기대비용 ECM은

$$\begin{aligned}\text{ECM}&=c(2|1)p_1\left[1-\int_{R_1}f_1(\boldsymbol{x})d\boldsymbol{x}\right]+c(1|2)p_2\int_{R_1}f_2(\boldsymbol{x})d\boldsymbol{x}\\&=\int_{R_1}\left[c(1|2)p_2f_2(\boldsymbol{x})-c(2|1)p_1f_1(\boldsymbol{x})\right]d\boldsymbol{x}+c(2|1)p_1\end{aligned}\tag{1.3}$$

이 된다. 식 (1.3)에서 사전확률 p_1과 p_2, 오분류 비용 $c(1|2)$과 $c(2|1)$, 확률밀도함수 $f_1(\boldsymbol{x})$와 $f_2(\boldsymbol{x})$는 모두 음이 아니다. 따라서 오분류 기대비용 ECM이 최소화되기 위해서는 영역 R_1이 부등식

$$\left[c(1|2)p_2f_2(\boldsymbol{x})-c(2|1)p_1f_1(\boldsymbol{x})\right]\le 0$$

을 만족하는 $\boldsymbol{x}$ 값들을 포함해야만 한다. 즉, 영역 R_1이 부등식

$$\frac{f_1(\boldsymbol{x})}{f_2(\boldsymbol{x})} \geq \left[\frac{c(1|2)}{c(2|1)}\right]\left[\frac{p_2}{p_1}\right] \tag{1.4}$$

(확률밀도함수 비) ≥ (비용 비)(사전확률 비)

를 만족하는 $\boldsymbol{x}$ 값들의 집합일 때 오분류 기대비용이 최소화되어지는 것이다. 마찬가지로 R_2는 R_1의 여집합이므로 R_2는 부등식

$$\frac{f_1(\boldsymbol{x})}{f_2(\boldsymbol{x})} < \left[\frac{c(1|2)}{c(2|1)}\right]\left[\frac{p_2}{p_1}\right] \tag{1.5}$$

(확률밀도함수 비) < (비용 비)(사전확률 비)

을 만족하는 $\boldsymbol{x}$ 값들의 집합일 때 오분류 기대비용이 최소화되어지게 된다.

식 (1.4)와 (1.5)로부터 오분류 기대비용은 확률밀도함수 비, 오분류 비용 비, 사전확률 비에 의하여 최소화되어짐을 알 수 있으며, 이로부터 다음과 같은 분류규칙이 만들어지게 된다.[1)]

오분류 기대비용을 최소로 하는 분류규칙

관측값 $\boldsymbol{x}_0$에 대하여

(a) 사전확률이 동일한 경우 즉, $\frac{p_2}{p_1} = 1$일 때

$\frac{f_1(\boldsymbol{x}_0)}{f_2(\boldsymbol{x}_0)} \geq \frac{c(1|2)}{c(2|1)}$이면 $\boldsymbol{x}_0$를 G_1으로 분류, $\frac{f_1(\boldsymbol{x}_0)}{f_2(\boldsymbol{x}_0)} < \frac{c(1|2)}{c(2|1)}$이면 $\boldsymbol{x}_0$를 G_2로 분류.

(b) 오분류 비용이 동일한 경우 즉, $\frac{c(1|2)}{c(2|1)} = 1$일 때

$\frac{f_1(\boldsymbol{x}_0)}{f_2(\boldsymbol{x}_0)} \geq \frac{p_2}{p_1}$이면 $\boldsymbol{x}_0$를 G_1으로 분류, $\frac{f_1(\boldsymbol{x}_0)}{f_2(\boldsymbol{x}_0)} < \frac{p_2}{p_1}$이면 $\boldsymbol{x}_0$를 G_2로 분류.

(c) 사전확률과 오분류 비용이 동일한 경우

$\frac{f_1(\boldsymbol{x}_0)}{f_2(\boldsymbol{x}_0)} \geq 1$이면 $\boldsymbol{x}_0$를 G_1으로 분류, $\frac{f_1(\boldsymbol{x}_0)}{f_2(\boldsymbol{x}_0)} < 1$이면 $\boldsymbol{x}_0$를 G_2로 분류.

---

1) 사전확률이 동일할 경우에는 확률밀도함수 비와 오분류 비용의 비에 의해서, 오분류 비용이 동일할 경우에는 확률밀도함수 비와 사전확률의 비에 의해서, 사전확률 비와 오분류 비용 비가 모두 동일할 경우에는 두 확률밀도함수의 비에 의하여 최적인 분류가 결정되어진다.

예제 1-1

두 모집단 G_1과 G_2에서 확률벡터 $\boldsymbol{X}' = (X_1, X_2)$의 확률밀도함수를 각각 $f_1(\boldsymbol{x})$, $f_2(\boldsymbol{x})$, 오분류 비용을 $c(2|1) = 5$, $c(1|2) = 10$, 사전확률을 $p_1 = 0.8$, $p_2 = 0.2$라고 할 때

(1) 오분류 기대비용을 최소로 하는 분류규칙을 정하여라.

(2) $f_1(\boldsymbol{x}_0) = 0.3$, $f_2(\boldsymbol{x}_0) = 0.4$일 때 $\boldsymbol{x}_0$를 어느 집단으로 분류할 것인지를 판단하여라.

풀이 (1) 임의의 관측값 $\boldsymbol{x}_0$에 대하여

$\dfrac{f_1(\boldsymbol{x}_0)}{f_2(\boldsymbol{x}_0)} \geq \left[\dfrac{10}{5}\right]\left[\dfrac{0.2}{0.8}\right] = 0.5$이면 $\boldsymbol{x}_0$를 집단 G_1으로 분류

$\dfrac{f_1(\boldsymbol{x}_0)}{f_2(\boldsymbol{x}_0)} < \left[\dfrac{10}{5}\right]\left[\dfrac{0.2}{0.8}\right] = 0.5$이면 $\boldsymbol{x}_0$를 집단 G_2로 분류

(2) $\dfrac{f_1(\boldsymbol{x}_0)}{f_2(\boldsymbol{x}_0)} = \dfrac{0.3}{0.4} = 0.75 > 0.5$이므로 $\boldsymbol{x}_0$를 집단 G_1으로 분류한다.

참고사항

오분류 비용이 동일할 경우의 분류규칙 $\dfrac{f_1(\boldsymbol{x}_0)}{f_2(\boldsymbol{x}_0)} \geq \dfrac{p_2}{p_1}$는 사후확률 $P(G_i|\boldsymbol{x}_0)$이 큰 집단으로 관측값 $\boldsymbol{x}_0$를 분류하는 것과 동일하다. 즉, 베이즈 정리에 의하면 사후확률은 다음과 같이 되고

$$P(G_1|\boldsymbol{x}_0) = \frac{P(G_1)P(\boldsymbol{x}_0|G_1)}{\sum_{i=1}^{2} P(G_i)P(\boldsymbol{x}_0|G_i)} = \frac{p_1 f_1(\boldsymbol{x}_0)}{p_1 f_1(\boldsymbol{x}_0) + p_2 f_2(\boldsymbol{x}_0)} \tag{1.6}$$

$$P(G_2|\boldsymbol{x}_0) = 1 - P(G_1|\boldsymbol{x}_0) = \frac{p_2 f_2(\boldsymbol{x}_0)}{p_1 f_1(\boldsymbol{x}_0) + p_2 f_2(\boldsymbol{x}_0)} \tag{1.7}$$

위 두 식 (1.6)과 (1.7)에서 분모는 서로 동일하다. 따라서 관측값 $\boldsymbol{x}_0$가 주어졌을 때 집단 G_1에 속할 사후확률 $P(G_1|\boldsymbol{x}_0)$가 집단 G_2에 속할 사후확률보다 같거나 클 때 관계식 $p_1 f_1(\boldsymbol{x}_0) \geq p_2 f_2(\boldsymbol{x}_0)$가 성립하며, 이 식은 $\dfrac{f_1(\boldsymbol{x}_0)}{f_2(\boldsymbol{x}_0)} \geq \dfrac{p_2}{p_1}$와 동일하다. 따라서 오분류 비용이 동일할 경우에는 사후확률을 이용하여 관측값을 분류해도 마찬가지의 결과를 얻을 수 있게 된다.

1.1.2 두 모집단이 각각 정규분포를 따르면서 공분산 행렬이 동일할 경우

p개의 확률변수 $X_1,\ X_2,\ \cdots,\ X_p$로 이루어진 확률벡터 $\boldsymbol{X}'=(X_1,\ X_2,\ \cdots,\ X_p)$에서 i번째 확률변수 X_i의 평균을 μ_i로 표기할 때 기댓값 $E(\boldsymbol{X})$는 모든 확률변수들의 평균 $\mu_1,\ \mu_2,\ \cdots,\ \mu_p$들의 모임으로 정의되며, 이를 평균벡터(mean vector)라고 한다. 즉,

$$\boldsymbol{\mu}=E(\boldsymbol{X})=\begin{bmatrix}E(X_1)\\E(X_2)\\\vdots\\E(X_p)\end{bmatrix}=\begin{bmatrix}\mu_1\\\mu_2\\\vdots\\\mu_p\end{bmatrix}$$

그리고 두 개의 확률변수 X_i와 X_j의 공분산을 $Cov(X_i,\ X_j)=\sigma_{ij}$라 할 때 p 개의 확률변수들 사이에는 $p(p+1)/2$개의 공분산이 존재하게 되며, 이때 $i=j$인 경우 공분산은 확률변수 X_i의 분산 즉, $Var(X_i)=\sigma_{ii}$가 된다. 이러한 공분산과 분산을 모아 행렬 형태로 표현한 것을 공분산 행렬(covariance matrix)이라 하며 Σ로 표기한다.

$$\Sigma=\begin{bmatrix}\sigma_{11}&\sigma_{12}&\cdots&\sigma_{1p}\\\sigma_{21}&\sigma_{22}&\cdots&\sigma_{2p}\\\vdots&\vdots&\vdots&\vdots\\\sigma_{p1}&\sigma_{p2}&\cdots&\sigma_{pp}\end{bmatrix}=E[(\boldsymbol{X}-\boldsymbol{\mu})(\boldsymbol{X}-\boldsymbol{\mu})']$$

두 모집단 G_1과 G_2에서 확률벡터 $\boldsymbol{X}'=(X_1,\ X_2,\ \cdots,\ X_p)$가 각각 공분산 행렬이 동일한 다변량 정규분포 $N(\boldsymbol{\mu}_i,\ \Sigma)$, $i=1,\ 2$를 따를 때 확률밀도함수 $f_i(\boldsymbol{x})$는 다음과 같게 된다.

$$f_i(\boldsymbol{x})=\frac{1}{(2\pi)^{p/2}|\Sigma|^{1/2}}exp\left[-\frac{1}{2}(\boldsymbol{x}-\boldsymbol{\mu}_i)'\Sigma^{-1}(\boldsymbol{x}-\boldsymbol{\mu}_i)\right],\ i=1,\ 2$$

이때 두 확률밀도함수 $f_1(\boldsymbol{x})$와 $f_2(\boldsymbol{x})$의 비는

$$\frac{f_1(\boldsymbol{x})}{f_2(\boldsymbol{x})}=\frac{\dfrac{1}{(2\pi)^{p/2}|\Sigma|^{1/2}}exp\left[-\dfrac{1}{2}(\boldsymbol{x}-\boldsymbol{\mu}_1)'\Sigma^{-1}(\boldsymbol{x}-\boldsymbol{\mu}_1)\right]}{\dfrac{1}{(2\pi)^{p/2}|\Sigma|^{1/2}}exp\left[-\dfrac{1}{2}(\boldsymbol{x}-\boldsymbol{\mu}_2)'\Sigma^{-1}(\boldsymbol{x}-\boldsymbol{\mu}_2)\right]}$$
$$=\exp\left[-\frac{1}{2}(\boldsymbol{x}-\boldsymbol{\mu}_1)'\Sigma^{-1}(\boldsymbol{x}-\boldsymbol{\mu}_1)+\frac{1}{2}(\boldsymbol{x}-\boldsymbol{\mu}_2)'\Sigma^{-1}(\boldsymbol{x}-\boldsymbol{\mu}_2)\right]$$

가 되고, 이것을 식 (1.4)와 (1.5)에 대입한 후 양변에 자연로그를 취하면

$$(\boldsymbol{\mu}_1-\boldsymbol{\mu}_2)'\Sigma^{-1}\boldsymbol{x}_0-\frac{1}{2}(\boldsymbol{\mu}_1-\boldsymbol{\mu}_2)'\Sigma^{-1}(\boldsymbol{\mu}_1+\boldsymbol{\mu}_2)\geq\ln\left[\left(\frac{c(1|2)}{c(2|1)}\right)\left(\frac{p_2}{p_1}\right)\right] \tag{1.8}$$

$$(\mu_1-\mu_2)'\Sigma^{-1}x_0-\frac{1}{2}(\mu_1-\mu_2)'\Sigma^{-1}(\mu_1+\mu_2)<\ln\left[\left(\frac{c(1|2)}{c(2|1)}\right)\left(\frac{p_2}{p_1}\right)\right] \quad (1.9)$$

가 된다. 따라서 확률벡터 $\boldsymbol{X}$가 정규분포를 따르고, 오분류 비용과 사전확률이 주어질 경우 임의의 관측값 x_0에 대한 분류규칙은 다음과 같게 된다.

정규분포를 따르면서 공분산 행렬이 동일할 경우의 분류규칙

관측값 x_0에 대하여

$$(\mu_1-\mu_2)'\Sigma^{-1}x_0\ge\frac{1}{2}(\mu_1-\mu_2)'\Sigma^{-1}(\mu_1+\mu_2)+\ln\left[\left(\frac{c(1|2)}{c(2|1)}\right)\left(\frac{p_2}{p_1}\right)\right] \text{ 이면}$$

x_0를 G_1으로 분류,

$$(\mu_1-\mu_2)'\Sigma^{-1}x_0<\frac{1}{2}(\mu_1-\mu_2)'\Sigma^{-1}(\mu_1+\mu_2)+\ln\left[\left(\frac{c(1|2)}{c(2|1)}\right)\left(\frac{p_2}{p_1}\right)\right] \text{ 이면}$$

x_0를 G_2로 분류.

일반적으로 모수 μ_1과 μ_2, 그리고 Σ는 알려져 있지 않은 경우가 대부분이다. 이러한 경우에는 표본으로부터 추정되는 통계량을 사용하여 분류규칙을 설정하게 된다. 즉, 확률벡터 $\boldsymbol{X}'=(X_1, X_2, \cdots, X_p)$에 대하여 두 모집단 G_1과 G_2로부터 크기가 각각 n_1개와 n_2개인 표본을 랜덤으로 추출하였을 경우 자료 행렬(data matrix)은 다음과 같게 되고

$$\boldsymbol{X}_1=\begin{bmatrix} x'_{11} \\ x'_{12} \\ \vdots \\ x'_{1n_1} \end{bmatrix}, \qquad \boldsymbol{X}_2=\begin{bmatrix} x'_{21} \\ x'_{22} \\ \vdots \\ x'_{2n_2} \end{bmatrix}$$

이러한 자료 행렬로부터 각 집단에 대한 표본평균 벡터(sample mean vector)와 표본공분산 행렬(sample covariance matrix)은 다음과 같이 계산된다.

$$\underset{(p\times 1)}{\bar{x}_1}=\frac{1}{n_1}\sum_{j=1}^{n_1}x_{1j}, \qquad \underset{(p\times p)}{S_1}=\frac{1}{n_1-1}\sum_{j=1}^{n_1}(x_{1j}-\bar{x}_1)(x_{1j}-\bar{x}_1)'$$

$$\underset{(p\times 1)}{\bar{x}_2}=\frac{1}{n_2}\sum_{j=1}^{n_2}x_{2j}, \qquad \underset{(p\times p)}{S_2}=\frac{1}{n_2-1}\sum_{j=1}^{n_1}(x_{2j}-\bar{x}_2)(x_{2j}-\bar{x}_2)'$$

두 모집단의 공분산 행렬은 Σ로 동일하므로 Σ의 추정량인 합동공분산 행렬 $\boldsymbol{S}_{pooled}$는 두 표본공분산 행렬 $\boldsymbol{S}_1$과 $\boldsymbol{S}_2$로부터 다음과 같이 구할 수 있다.

$$\boldsymbol{S}_{pooled} = \frac{(n_1 - 1)\boldsymbol{S}_1 + (n_2 - 1)\boldsymbol{S}_2}{n_1 + n_2 - 2}$$

따라서 모수 μ_1, μ_2, Σ를 모를 경우 이들 각각의 추정량인 $\overline{\boldsymbol{x}}_1$, $\overline{\boldsymbol{x}}_2$, 그리고 $\boldsymbol{S}_{pooled}$를 사용하면 분류규칙은 다음과 같이 설정된다.

정규분포를 따르면서 공분산 행렬이 동일할 경우의 분류규칙(μ_1, μ_2, Σ를 모를 때)

관측값 $\boldsymbol{x}_0$에 대하여

$$(\overline{\boldsymbol{x}_1} - \overline{\boldsymbol{x}_2})'\boldsymbol{S}_{pooled}^{-1}\boldsymbol{x}_0 \geq \frac{1}{2}(\overline{\boldsymbol{x}_1} - \overline{\boldsymbol{x}_2})'\boldsymbol{S}_{pooled}^{-1}(\overline{\boldsymbol{x}_1} + \overline{\boldsymbol{x}_2}) + \ln\left[\left(\frac{c(1|2)}{c(2|1)}\right)\left(\frac{p_2}{p_1}\right)\right] \text{ 이면}$$

$\boldsymbol{x}_0$를 G_1으로, 그렇지 않으면 $\boldsymbol{x}_0$를 G_2로 분류 (1.10)

참고사항

분류규칙 (1.10)의 좌변은 p개의 확률변수 X_1, X_2, $\cdots$, X_p의 선형결합식 $\hat{y} = (\overline{\boldsymbol{x}_1} - \overline{\boldsymbol{x}_2})'S_{pooled}^{-1}\boldsymbol{x} = \hat{\boldsymbol{a}}'\boldsymbol{x}$로 표현할 수 있으며, 이것을 선형판별함수(linear discriminant function)라고 부른다. 그리고 분류규칙 (1.10)의 우변에서 오분류 비용과 사전확률이 각각 동일할 경우 즉, $c(1|2) = c(2|1)$, $p_1 = p_2$일 경우

$$\left[\left(\frac{c(1|2)}{c(2|1)}\right)\left(\frac{p_2}{p_1}\right)\right] = 1$$

이므로 $\ln(1) = 0$이 되어 우변은 두 집단의 판별함수값의 평균 $\overline{y}_1$과 $\overline{y}_2$의 중간값을 의미하게 된다. 즉,

$$\begin{aligned}
&\frac{1}{2}(\overline{\boldsymbol{x}}_1 - \overline{\boldsymbol{x}}_2)'S_{pooled}^{-1}(\overline{\boldsymbol{x}}_1 + \overline{\boldsymbol{x}}_2) \\
&= \frac{1}{2}(\overline{\boldsymbol{x}}_1 - \overline{\boldsymbol{x}}_2)'S_{pooled}^{-1}\,\overline{\boldsymbol{x}}_1 + \frac{1}{2}(\overline{\boldsymbol{x}}_1 - \overline{\boldsymbol{x}}_2)'S_{pooled}^{-1}\,\overline{\boldsymbol{x}}_2 \\
&= \frac{1}{2}(\overline{y}_1 + \overline{y}_2)
\end{aligned}$$

따라서 오분류 비용과 사전확률이 동일할 경우 (1.10)의 분류규칙은 관측값 $\boldsymbol{x}_0$로부터 계산되는 선형판별함수의 값 $\hat{y}_0 = \hat{\boldsymbol{a}}'\boldsymbol{x}_0$를 $(\overline{y}_1+\overline{y}_2)/2$과 비교하여 이 값보다 크면 $\boldsymbol{x}_0$를 G_1으로, 그렇지 않으면 $\boldsymbol{x}_0$를 G_2로 분류하는 것과 동일한 것이 된다.[2)]

2) $(\overline{y_1}+\overline{y_2})/2$를 분류점(cutting point)이라고 한다.

예제 1-2

우리나라 20대 남자(=1)와 여자(=2)의 키(X_1)와 몸무게(X_2) $\boldsymbol{X}' = (X_1, X_2)$는 각각 다변량 정규분포 $N(\boldsymbol{\mu}_i, \Sigma)$, $i = 1, 2$를 따른다고 한다. 두 집단에서 크기가 각각 $n_1 = n_2 = 20$인 표본으로부터 측정 결과가 <표 2>와 같다고 할 때

〈표 2〉 성별에 따른 20대의 키와 몸무게 측정 결과

번호	남자		여자	
	키	몸무게	키	몸무게
1	166	72.5	118	64.5
2	143	73.3	147	65.0
3	172	68.8	146	69.0
4	134	66.3	138	64.5
5	172	68.8	175	66.0
6	151	70.0	118	64.5
7	155	69.1	155	70.5
8	178	73.5	146	66.0
9	180	70.0	135	68.0
10	166	71.4	127	68.5
11	186	76.5	136	66.3
12	132	68.0	122	62.0
13	171	72.0	114	63.0
14	187	77.0	140	68.0
15	191	67.0	106	63.0
16	192	75.5	159	66.5
17	181	69.0	127	62.5
18	144	70.5	143	66.5
19	148	74.0	153	66.5
20	179	75.5	139	64.5

(1) 키를 x축, 몸무게를 y축으로 한 산점도를 작성하기 위한 R 프로그램을 작성하여라.

(2) 남자와 여자의 평균 μ_1과 μ_2, 공분산 행렬 Σ의 추정값을 각각 구하여라.

(3) 선형판별함수 $\hat{y}$을 구하여라.

(4) 분류규칙을 설정하여라.

풀이 (1) 산점도의 작성

(R 프로그램)

```
# 자료의 생성
> x1.m=c(166,143,172,134,172,151,155,178,180,166,186,132,171,187,191,
192,181,144,148,179)
> x2.m=c(72.5,73.3,68.8,66.3,68.8,70.0,69.1,73.5,70.0,
71.4,76.5,68.0,72.0,77.0,67.0,75.5,69.0,70.5,74.0,75.5)
> male=cbind(x1.m, x2.m)
> x1.f=c(118,147,146,138,175,118,155,146,135,127,136,122,114,140,106,
159,127,143,153,139)
> x2.f=c(64.5,65.0,69.0,64.5,66.0,64.5,70.5,66.0,68.0,68.5,
66.3,62.0,63.0,68.0,63.0,66.5,62.5,66.5,66.5,64.5)
> female=cbind(x1.f, x2.f)
> data0=rbind(male, female)
> group=factor(c(rep("남자", nrow(male)), rep("여자", nrow(female))))
> data1=data.frame(group,data0)
# 산점도의 작성
> plot(data1[,-1], xlab="x1", ylab="x2", col=group, pch=as.numeric(group))
> levels(group)=c("남자", "여자")
> legend(120,72, legend=levels(group), pch=c(21,24))
```

(R 프로그램 설명)

○ plot 함수에서 data1[,-1]는 data1에서 집단을 나타내는 첫 번째 열의 자료를 제외하라는 의미이며, col=group은 data1에서 집단을 나타내는 첫 번째 열의 자료를 색깔을 나타내기 위하여, pch=as.numeric(group)는 관측값들을 △과 ○를 사용하여 집단별로 구분하여 나타내기 위하여 사용되었다. 명령어 pch를 생략할 경우 모든 관측값은 ○로 표현된다.

○ levels(group)=c("남자", "여자")는 산점도상에 나타나는 범례에 집단이름을 부여하기 위하여 사용되었다.

○ 산점도상에 범례를 표시하기 위하여 legend 함수가 사용되었다. legend(120.74, legend=levels(group), pch=c(21,24))에서 '120과 74'는 범례가 표시될 좌표점을, legend는 범례에 사용되는 변수를 지정하기 위하여 사용되었다. pch는 범례에서 남자를 ○, 여자를 △로 표시하기 위하여 사용하였다.

(출력 결과)

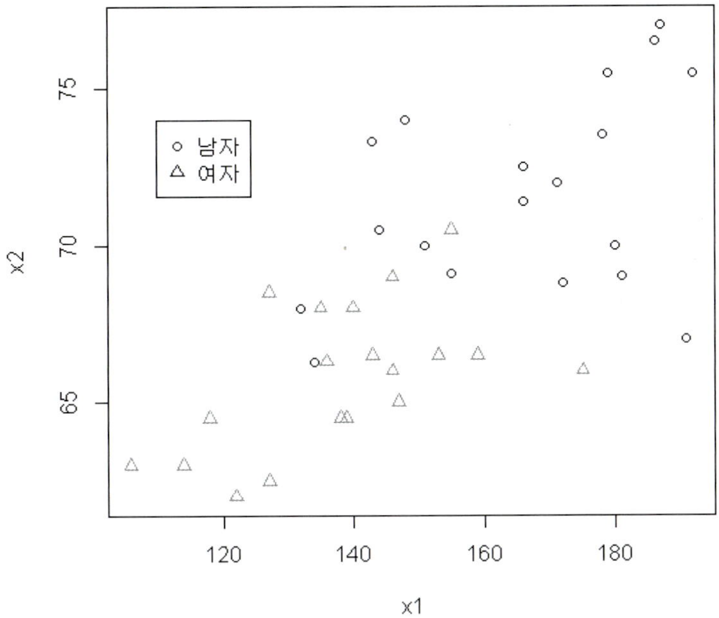

〈그림 1〉 산점도

(2) 추정값의 계산

○ 남자와 여자의 표본평균 : $\bar{\boldsymbol{x}}_1 = \begin{bmatrix} 166.400 \\ 71.435 \end{bmatrix}$, $\bar{\boldsymbol{x}}_2 = \begin{bmatrix} 137.200 \\ 65.765 \end{bmatrix}$

○ 남자와 여자의 표본 공분산행렬 :

$$S_1 = \begin{bmatrix} 359.6210 & 24.4747 \\ 24.4747 & 10.1866 \end{bmatrix},\ S_2 = \begin{bmatrix} 287.4315 & 21.4284 \\ 21.4284 & 5.2360 \end{bmatrix}$$

○ 공분산 행렬 Σ의 추정량인 합동공분산 행렬 :

$$\boldsymbol{S}_{pooled} = \frac{(20-1)\boldsymbol{S}_1 + (20-1)\boldsymbol{S}_2}{20+20-2} = \begin{bmatrix} 323.5263 & 22.9515 \\ 22.9515 & 7.7113 \end{bmatrix}$$

(R 프로그램)

```
> ss1=cov.wt(male); ss2=cov.wt(female)
> mean1.bar=ss1$center; mean2.bar=ss2$center
> cov.pool=((ss1$n.obs-1)ss1$cov+(ss2$n.obs-1)*ss2$cov)/(ss1$n.obs+ss2$n.obs-2)
```

(R 프로그램 설명)

○ 함수 cov.wt를 사용할 경우 공분산($cov)과 각 집단의 평균($center), 그리고 표본의 개수($n.obs)를 출력해 준다.

(3) 선형판별함수의 계산

$$\hat{y} = (\overline{\boldsymbol{x}}_1 - \overline{\boldsymbol{x}}_2)' S_{pool}^{-1} \boldsymbol{x} = [29.20 \quad 5.67] \begin{bmatrix} 0.0039 & -0.0116 \\ -0.0116 & 0.1643 \end{bmatrix} \begin{bmatrix} x_1 \\ x_2 \end{bmatrix}$$

$$= 0.0482\, x_1 + 0.5915\, x_2$$

(R 프로그램)

```
> yhat.coef=t(mean1.bar-mean2.bar)%*%solve(cov.pool) # 판별계수의 계산
```

(4) 분류규칙의 설정

분류점을 구하면 $\hat{m} = \frac{1}{2}(\overline{\boldsymbol{x}}_1 - \overline{\boldsymbol{x}}_2)' S_{pooled}^{-1} (\overline{\boldsymbol{x}}_1 + \overline{\boldsymbol{x}}_2) = 47.911$이므로 분류규칙은 다음과 같게 된다.

〈분류규칙〉

관측값 $\boldsymbol{x}_0$에 대한 판별함수의 값이

$$\hat{y} = 0.0482\, x_1 + 0.5915\, x_2 \geq 47.911 + \ln\left[\left(\frac{c(1|2)}{c(2|1)}\right)\left(\frac{p_2}{p_1}\right)\right]$$

이면 $\boldsymbol{x}_0$를 집단 G_1으로, 그렇지 않으면 $\boldsymbol{x}_0$를 G_2로 분류하면 된다.

(R 프로그램)

```
> y1bar=t(mean1.bar-mean2.bar)%*%solve(cov.pool)%*%mean1.bar
> y2bar=t(mean1.bar-mean2.bar)%*%solve(cov.pool)%*%mean2.bar
> mhat=(1/2)*(y1bar+y2bar)    # 분류점 계산
```

■

예제 1-3

예제 1.2)에서 판별계수와 분류 결과를 출력하기 위한 사용자 함수를 만들어라. 단, 오류비용은 동일하다고 가정한다.

풀이 (R 프로그램)

```
> disc.fct=function(x,y){
x=as.matrix(x);y=as.matrix(y)
n1=nrow(x);n2=nrow(y)
prior.x=n1/(n1+n2);prior.y=1-prior.x
s1=cov.wt(x);s2=cov.wt(y)
```

```
mean1=s1$center; mean2=s2$center
cov.pool=((n1-1)*s1$cov+(n2-1)*s2$cov)/(n1+n2-2)
coef=t(mean1-mean2)%*%solve(cov.pool)
cutpoint=(1/2)*t(mean1-mean2)%*%solve(cov.pool)%*%(mean1+mean2)+log
(prior.x/prior.y)
score.gr1=coef%*%t(x)-rep(cutpoint,n1);score.gr2=coef%*%t(y)-rep(cutpoint,n2)
class=c(score.gr1,score.gr2)
class=as.numeric(class<0)+1  #>0:1 and <0:2
list(coef=coef, class=class)
}
> disc.fct(male, female)
```

(출력 결과)

```
$coef
              x1        x2
[1,] 0.04828936 0.591555

$class
 [1] 1 1 1 2 1 1 1 1 1 1 1 2 1 1 1 1 1 1 1 2 2 2 2 2 2 1 2 2 2 2 2 2 2 2 2 2
[37] 2 2 2 2
```

참고사항

판별분석을 위하여 R에서 제공되는 함수는 lda 함수이다. lda 함수는 패키지 MASS에 정의되어 있다(패키지 MASS 설치를 위해서는 메뉴 표시줄에서 "패키지-패키지 인스톨 - CRAN mirror에서 korea"를 차례로 선택한 후 "ok" 버튼을 누른다. 메뉴 표시줄에서 "패키지-패키지 불러오기-Select one에서 MASS"를 차례로 선택한 후 "ok" 버튼을 누름).

```
# lda 함수를 사용할 경우
> library(MASS)
> result=lda(data1[,c(2,3)],grouping=data1[,1])
```

(R 프로그램 설명)

○ lda(data1[,c(2,3)],grouping=data1[,1])에서 data1[,c(2,3)]는 데이터 프레임의 2열과 3열에 주어진 자료를 이용하여 판별분석을 하기 위하여 입력되었으며, grouping=data1[,1]은 데이터 프레임의 첫 번째 열이 집단을 나타내는 변수임을 지정하기 위하여 사용되었다.

(출력 결과)

```
Call:
lda(data1[, c(2, 3)], grouping=data1[,1])

Prior probabilities of groups:
남자 여자
 0.5  0.5

Group means:
        x1     x2
남자 166.4 71.435
여자 137.2 65.765

Coefficients of linear discriminants:
          LD1
x1 -0.02212371
x2 -0.27102021
```

참고사항

식 $(\overline{\boldsymbol{x}}_1 - \overline{\boldsymbol{x}}_2)' S_{pooled}^{-1}$ 에 의하여 구한 선형판별함수의 계수 (0.048289, 0.591555)와 R에서 제공하는 lda 함수에 의하여 구해진 계수값 (-0.022123, -0.271020)은 정확히 일치하지 않는다. 하지만 식 $(\overline{\boldsymbol{x}}_1 - \overline{\boldsymbol{x}}_2)' S_{pooled}^{-1}$ 으로부터 계산된 계수값은 lda 함수에 의하여 구해진 계수값을 상수 K배한 즉, (0.048289, 0.591555)=K(-0.022123, −0.271020)의 관계가 성립한다. 따라서 아래 출력 결과에서 보는 바와 같이 분류 결과는 동일하다는 것을 알 수 있다.

```
> predict(result) # 분류 결과 출력
```

(출력 결과)

```
$class
 [1] 남자 남자 남자 여자 남자 남자 남자 남자 남자 남자 남자 남자 여자 남자 남자
[15] 남자 남자 남자 남자 남자 남자 여자 여자 여자 여자 여자 여자 남자 여자
[29] 여자 여자 여자 여자 여자 여자 여자 여자 여자 여자 여자 여자
Levels: 남자 여자

        ⋮
  (이하 생략)
```

1.1.3 Fisher의 방법

Fisher는 p개의 확률변수를 가진 다변량 관측값 $\boldsymbol{x}'=(x_1, x_2, \cdots, x_p)$를 두 모집단 사이가 최대한 멀리 떨어지도록 만들어주는 일변량 관측값 y로 변환한다는 기본 개념 아래 확률변수 $X_1, X_2, \cdots, X_p$의 선형결합식인 Y의 분산에 비하여 두 모집단의 중심인 μ_{1Y}와 μ_{2Y} 간의 거리제곱합이 최대가 되는 $X_1, X_2, \cdots, X_p$의 함수식을 구하고자 하였다. 이를 위하여 Fisher는 다변량 확률변수 $\boldsymbol{X}'=(X_1, X_2, \cdots, X_p)$의 분포와는 무관하게 두 모집단 G_1과 G_2가 서로 동일한 공분산행렬 $\boldsymbol{\Sigma}$를 가진다고 가정하였다.

확률벡터 $\boldsymbol{X}$의 선형결합식 Y를

$$\underset{(1\times 1)}{Y} = \underset{(1\times p)}{\boldsymbol{a}'}\underset{(p\times 1)}{\boldsymbol{X}}$$

로 표현할 때 모집단 G_1과 G_2에 대한 Y의 기댓값과 분산은 각각

$$\mu_{1Y} = E(Y|G_1) = E(\boldsymbol{a}'\boldsymbol{X}|G_1) = \boldsymbol{a}'\boldsymbol{\mu}_1$$

$$\mu_{2Y} = E(Y|G_2) = E(\boldsymbol{a}'\boldsymbol{X}|G_2) = \boldsymbol{a}'\boldsymbol{\mu}_2$$

$$\sigma_Y^2 = Var(\boldsymbol{a}'\boldsymbol{X}) = \boldsymbol{a}'Cov(\boldsymbol{X})\boldsymbol{a} = \boldsymbol{a}'\Sigma\,\boldsymbol{a}$$

가 되고, 이때 Fisher의 선형결합식 Y는 Y값 전체 변화량에 대한 집단간 변화량의 비 즉,

$$\frac{(Y\text{의 평균차의 제곱})}{(Y\text{의 분산})} = \frac{(\mu_{1Y}-\mu_{2Y})^2}{\sigma_Y^2} = \frac{(\boldsymbol{a}'\boldsymbol{\mu}_1 - \boldsymbol{a}'\boldsymbol{\mu}_2)^2}{\boldsymbol{a}'\Sigma\boldsymbol{a}}$$

$$= \frac{\boldsymbol{a}'(\boldsymbol{\mu}_1-\boldsymbol{\mu}_2)(\boldsymbol{\mu}_1-\boldsymbol{\mu}_2)'\boldsymbol{a}}{\boldsymbol{a}'\Sigma\boldsymbol{a}} = \frac{(\boldsymbol{a}'\boldsymbol{\delta})^2}{\boldsymbol{a}'\Sigma\,\boldsymbol{a}},$$

$$\text{여기서 } \boldsymbol{\delta} = \boldsymbol{\mu}_1 - \boldsymbol{\mu}_2$$

를 최대로 하는 $\boldsymbol{a}$에 의하여 결정되며, 이를 만족하는 $\boldsymbol{a}$는 최대화 보조정리에 의하여 다음과 같이 구해지게 된다.[3)]

$$\boldsymbol{a} = c\Sigma^{-1}\boldsymbol{\delta} = c\Sigma^{-1}(\boldsymbol{\mu}_1-\boldsymbol{\mu}_2), \quad \text{단, } c\neq 0$$

위 식에서 $c=1$로 놓을 경우 Fisher의 선형판별함수(linear discriminant function)라고 알려진 다음과 같은 식을 얻게 된다.[4)]

$$Y = \boldsymbol{a}'\boldsymbol{X} = (\boldsymbol{\mu}_1-\boldsymbol{\mu}_2)'\Sigma^{-1}\boldsymbol{X}$$

---

3) 참조: R.A. Johnson & D. W. Wichern, 2007, pp 80.

4) 이때의 선형판별함수 Y는 두 모집단 G_1과 G_2의 중심점(각 집단에서의 선형판별함수값들의 평균)이 최대한 멀리 떨어지도록 만들어주게 된다.

참고사항

Fisher의 선형판별함수 Y는 두 집단간의 거리를 최대로 만들어주는 새로운 축이라고 할 수 있다. 예를 들어 두 집단에 속해 있는 모든 관측대상들이 두 개의 확률변수 X_1과 X_2로부터 측정된다고 하자. 이때 <그림 2>에서 보는 바와 같이 각 대상들을 X_1축 하나만으로 분류할 경우 두 집단은 C_1 만큼의 중복부분이 생기고, X_2축만으로 분류할 경우에는 C_2 만큼의 중복부분이 생긴다. 그러나 X_1과 X_2의 선형결합으로 이루어진 새로운 축 Y를 이용하여 두 집단을 분류하게 되면 C_3 만큼의 중복부분 밖에 생기지 않는다. 즉, 독립변수 X_1과 X_2의 선형결합으로 만들어진 판별함수 Y가 두 집단을 분류하는데 있어 최적의 판별식이 되는 것이다.

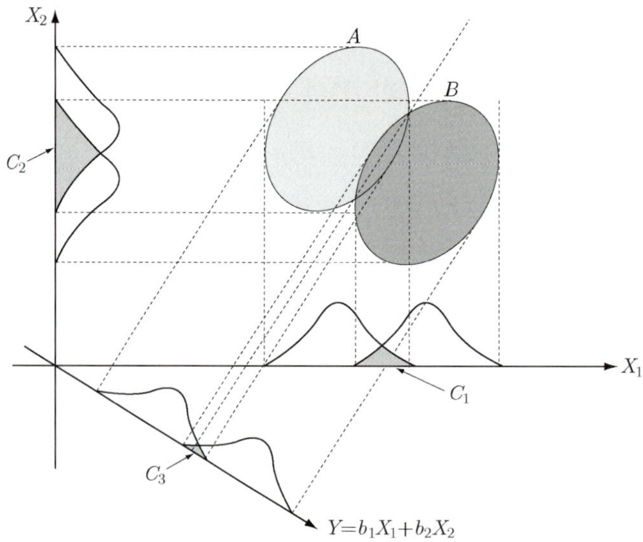

〈그림 2〉 판별분석의 기본 원리

예제 1-4

새로 개발된 농기구 판매의 성공여부를 알아보기를 위하여 A 회사에서 농촌 주민들을 대상으로 잠재적인 구매 여부를 소득(X_1)과 농지면적(X_2)에 따라 조사한 결과가 <표 3>과 같다고 하자.[5]

5) 판별분석에서는 집단평균들간의 차이를 비교함을 통하여 집단을 구분함에 있어 어떠한 변수가 더 중요한 역할을 하는지를 판단할 수 있다. 즉 X_1(소득)에 대한 두 집단간의 평균 차이(26.49-19.13=7.36)는 X_2에 대한 두 집단간의 평균 차이(10.13-8.82=1.31)에 비하여 크므로 X_1은

〈표 3〉 각 집단별 소득과 농지면적

관측대상	구매 집단		비구매 집단	
	X_1(소득)	X_2(면적)	X_1(소득)	X_2(면적)
1	20.0	9.2	25.0	9.8
2	28.5	8.4	17.6	10.4
3	21.6	10.8	21.6	8.6
4	20.5	10.4	14.4	10.2
5	29.0	11.8	28.0	8.8
6	36.7	9.6	16.4	8.8
7	36.0	8.8	19.8	8.0
8	27.6	11.2	22.0	9.2
9	23.0	10.0	15.8	8.2
10	31.0	10.4	11.0	9.4
11	17.0	11.0	17.0	7.0
12	27.0	10.0	21.0	7.4
평균	26.49	10.13	19.13	8.82

출처: Johnson, R.A. & Wichern, D.W. Applied Multivariate Statistical Analysis(pp 473).

(1) 집단 전체 소득(X_1)의 평균을 분류점으로 하여 관측대상을 구매집단과 비구매집단으로 분류하여라.

(2) 전체 농지면적(X_2)의 평균을 분류점으로 하여 관측대상을 구매집단과 비구매집단으로 분류하여라.

(3) 소득(X_1)과 농지면적(X_2)의 선형결합식 $Y = 0.3006X_1 + 1.5703X_2$로부터 계산된 판별점수 전체의 평균값인 $21.74 (= (\bar{y}_{구매} + \bar{y}_{비구매})/2)$를 분류점으로 하여 관측대상을 구매집단과 비구매집단으로 분류하여라.

풀이 (1) 구매집단과 비구매집단의 소득 평균은 각각 26.49와 19.13이므로 두 집단 전체 소득의 평균은 다음과 같이 계산된다.

$$\frac{\overline{X}_{1(구매)} + \overline{X}_{1(비구매)}}{2} = \frac{26.49 + 19.13}{2} = 22.81$$

따라서 22.81을 기준으로 이 값보다 크면 구매집단으로, 이 값보다 작으면 비구매집단으로 분류하면 <표 4>와 같은 결과를 얻을 수 있다.

구매여부를 판별함에 있어서 X_2보다 더 중요한 역할을 한다고 할 수 있다.

〈표 4〉 X_1을 축으로 분류한 결과

실제집단 \ 예측집단	구매	비구매	계
구매	8	4	12
비구매	2	10	12
계	10	14	

<표 4>로부터 구매집단에서는 12명중 4명이, 비구매집단에서는 12명중 2명이 잘못 분류되어 전체적으로 24명 중 6명이 잘못 분류되고 있음을 알 수 있다.

(2) 전체 농지면적의 평균은

$$\frac{\overline{X}_{2(\text{구매})}+\overline{X}_{2(\text{비구매})}}{2}=\frac{10.13+8.82}{2}=9.475$$

가 되며, 9.475를 기준으로 이 값보다 크면 구매집단으로, 작으면 비구매집단으로 분류하게 되면 <표 5>와 같은 결과를 얻을 수 있다.

〈표 5〉 X_2를 축으로 분류한 결과

실제집단 \ 예측집단	구매	비구매	계
구매	9	3	12
비구매	3	9	12
계	12	12	

<표 5>로부터 구매집단에서는 12명중 3명이, 비구매집단에서도 12명중 3명이 잘못 분류되어 전체적으로 24명 중 6명이 잘못 분류되고 있음을 알 수 있다.

(3) 21.74를 기준으로 이 값보다 크면 구매집단으로, 이 값보다 작으면 비구매집단으로 분류한 결과는 <표 6>과 같다. <표 6>으로부터 구매집단에서는 12명중 1명이, 비구매집단에서는 12명중 2명이 잘못 분류되어 전체적으로 24명 중 3명이 잘못 분류되고 있음을 알 수 있다.

〈표 6〉 $Y=0.3006X_1+1.5703X_2$를 축으로 분류한 결과

실제집단 \ 예측집단	구매	비구매	계
구매	10	1	11
비구매	2	11	13
계	12	12	

이상의 결과를 종합해 볼 때 X_1 또는 X_2 하나만을 사용하여 집단을 분류하는 것보다 X_1과 X_2를 결합한 식을 이용하여 분류하는 것이 집단을 더 잘 분류해주고 있음을 알 수 있다.

※ 산점도 작성을 위한 R 프로그램

```
# 자료의 입력
x1.b=c(20.0,28.5,21.6,20.5,29.0,36.7,36.0,27.6,23.0,31.0,17.0,27.0)
x2.b=c(9.2,8.4,10.8,10.4,11.8,9.6,8.8,11.2,10.0,10.4,11.0,10.0)
a=cbind(x1.b, x2.b)
x1.n=c(25.0,17.6,21.6,14.4,28.0,16.4,19.8,22.0,15.8,11.0,17.0,21.0)
x2.n=c(9.8,10.4,8.6,10.2,8.8,8.8,8.0,9.2,8.2,9.4,7.0,7.4)
b=cbind(x1.n, x2.n)
data0=rbind(a,b)
group=c(rep(1,12),rep(2,12))
data1=data.frame(group,data0)
# 산점도 작성
plot(data1[,-1],col=group, pch=as.numeric(data1[,1]), xlab="x1", ylab="x2")
# 산점도상에 직선식 y=0.3006X1+1.5703X2 그리기
abline(21.74/1.5703,-0.3006/1.5703,lwd=2,lty=1)
# 산점도상에 두 직선식 x1=22.81, x2=9.475 그리기
abline(h=9.475,v=22.81)
text(25,7.5,"x1=22.81", col="blue")
text(15,9.7,"x2=9.475", col="red")
text(30,8,"y= 0.3006X1+1.5703X2")
```

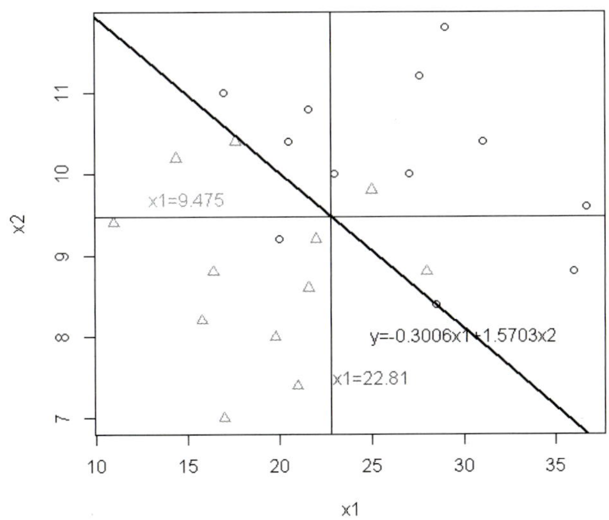

〈그림 3〉 산점도

선형판별함수 Y를 이용하여 새로운 관측값이 주어졌을 때 이를 두 모집단 중 어느 하나로 판별할 수 있는 분류규칙을 만들어낼 수 있다. 즉, 새로운 값 $\boldsymbol{X}=\boldsymbol{x}_0$에 대한 판별함수 Y의 값[6]을 $y_0=(\boldsymbol{\mu}_1-\boldsymbol{\mu}_2)'\Sigma^{-1}\boldsymbol{x}_0$라 하고, 모집단 G_1과 G_2에서의 평균 μ_{1Y}와 μ_{2Y}의 중간값을

$$m=\frac{1}{2}(\mu_{1Y}+\mu_{2Y})=\frac{1}{2}(\boldsymbol{a}'\boldsymbol{\mu}_1+\boldsymbol{a}'\boldsymbol{\mu}_2)=\frac{1}{2}(\boldsymbol{\mu}_1-\boldsymbol{\mu}_2)'\Sigma^{-1}(\boldsymbol{\mu}_1+\boldsymbol{\mu}_2)$$

라 할 때 $E(Y_0|G_1)-m\geq 0$ 또는 $E(Y_0|G_2)-m<0$이 될 것이다. 이때 새로운 관측벡터 $\boldsymbol{x}_0$가 모집단 G_1으로부터 나왔다면 y_0는 m보다 클 것이고, $\boldsymbol{x}_0$가 모집단 G_2로부터 나왔다면 y_0는 m보다 작을 것이므로 다음과 같은 분류규칙을 만들 수 있다.

Fisher의 분류규칙

관측값 $\boldsymbol{x}_0$에 대하여

$y_0=(\boldsymbol{\mu}_1-\boldsymbol{\mu}_2)'\Sigma^{-1}\boldsymbol{x}_0\geq m$이면 $\boldsymbol{x}_0$는 G_1으로 분류,

$y_0=(\boldsymbol{\mu}_1-\boldsymbol{\mu}_2)'\Sigma^{-1}\boldsymbol{x}_0< m$이면 $\boldsymbol{x}_0$는 G_2로 분류.

일반적으로 모수 $\boldsymbol{\mu}_1$, $\boldsymbol{\mu}_2$, 그리고 Σ는 알려져 있지 않는 경우가 대부분이다. 따라서 이들의 추정량 $\overline{\boldsymbol{x}}_1$, $\overline{\boldsymbol{x}}_2$, 그리고 $\boldsymbol{S}_{pooled}$를 사용하면 표본에 대한 Fisher의 선형판별함수는 다음과 같게 되고,

$$y=\hat{\boldsymbol{a}}'\boldsymbol{X}=(\overline{\boldsymbol{x}}_1-\overline{\boldsymbol{x}}_2)'\boldsymbol{S}_{pooled}^{-1}\,\boldsymbol{x}$$

이때 두 모집단을 구분짓는 분류점인 표본평균 $\overline{y}_1=\hat{\boldsymbol{a}}'\overline{\boldsymbol{x}}_1$과 $\overline{y}_2=\hat{\boldsymbol{a}}'\overline{\boldsymbol{x}}_2$의 중간값은

$$\hat{m}=\frac{1}{2}(\overline{y}_1+\overline{y}_2)=\frac{1}{2}(\overline{\boldsymbol{x}}_1-\overline{\boldsymbol{x}}_2)'\boldsymbol{S}_{pooled}^{-1}(\overline{\boldsymbol{x}}_1+\overline{\boldsymbol{x}}_2)$$

가 된다. 따라서 새로운 관측값 $\boldsymbol{X}=\boldsymbol{x}_0$에 대하여 판별함수의 값

$$y_0=(\overline{\boldsymbol{x}}_1-\overline{\boldsymbol{x}}_2)'\boldsymbol{S}_{pooled}^{-1}\,\boldsymbol{x}_0$$

가 $y_0\geq\hat{m}$이면 $\boldsymbol{x}_0$를 G_1으로 분류하고, 그렇지 않으면 $\boldsymbol{x}_0$를 G_2로 분류하면 된다.

6) 이를 판별점수(discriminant score)라고 한다.

Fisher의 분류규칙(μ_1, μ_2, Σ를 모를 때)

관측값 $\boldsymbol{x}_0$에 대하여

$$y_0 = (\overline{\boldsymbol{x}}_1 - \overline{\boldsymbol{x}}_2)'\boldsymbol{S}_{pooled}^{-1}\boldsymbol{x}_0 \geq \hat{m} \text{이면 } \boldsymbol{x}_0 \text{를 } G_1 \text{으로 분류,}$$

$$y_0 = (\overline{\boldsymbol{x}}_1 - \overline{\boldsymbol{x}}_2)'\boldsymbol{S}_{pooled}^{-1}\boldsymbol{x}_0 < \hat{m} \text{이면 } \boldsymbol{x}_0 \text{를 } G_2 \text{로 분류.}$$

참고사항

확률벡터 $\boldsymbol{X}$가 정규분포를 따른다고 할 경우의 분류규칙 (1.10)에서 좌변 $(\overline{\boldsymbol{x}}_1 - \overline{\boldsymbol{x}}_2)'$ $\boldsymbol{S}_{pooled}^{-1}\boldsymbol{x}_0$는 Fisher의 선형판별함수와 동일하며, 우변에서 $\frac{1}{2}(\overline{\boldsymbol{x}}_1 - \overline{\boldsymbol{x}}_2)'$ $\boldsymbol{S}_{pooled}^{-1}$ $(\overline{\boldsymbol{x}}_1 + \overline{\boldsymbol{x}}_2)$는 Fisher의 분류점 $\hat{m}$과 동일하다. 따라서 $\left[\left(\frac{c(1|2)}{c(2|1)}\right)\left(\frac{p_2}{p_1}\right)\right] = 1$ 즉, 오분류 비용과 사전확률이 동일하면 정규분포를 가정하는 분류규칙과 특정분포를 가정하지 않는 Fisher의 분류규칙은 서로 일치하게 됨을 알 수 있다.

예제 1-5

공분산 행렬 Σ가 동일한 두 모집단 G_1, G_2로부터 크기 $n_1 = n_2 = 3$인 표본을 랜덤으로 추출하여 X_1과 X_2를 측정한 결과가 다음과 같다고 할 때

G_1		G_2	
X_1	X_2	X_1	X_2
2	12	5	7
4	10	3	9
3	8	4	5

(1) 두 모집단의 평균벡터 μ_1과 μ_2, 공통인 공분산 행렬 Σ의 추정값을 각각 구하여라.

(2) Fisher의 선형판별함수를 구하여라.

(3) 분류규칙을 설정하여라.

(4) 새로운 관측값 $\boldsymbol{x}_0 = (4,\ 6)$를 분류하여라.

풀이 (1) 추정값의 계산

○ 표본평균벡터 : $\overline{\boldsymbol{x}}_1 = \begin{bmatrix} 3 \\ 10 \end{bmatrix}$, $\overline{\boldsymbol{x}}_2 = \begin{bmatrix} 4 \\ 7 \end{bmatrix}$,

○ 두 모집단의 표본 공분산행렬은 각각

$$S_1 = \begin{bmatrix} 1 & -1 \\ -1 & 4 \end{bmatrix},\ S_2 = \begin{bmatrix} 1 & -1 \\ -1 & 4 \end{bmatrix}$$

이므로 공통인 공분산 행렬 Σ의 추정량인 합동공분산 행렬 S_{pooled}은 다음과 같이 계산된다.

$$\boldsymbol{S}_{pooled} = \frac{(3-1)\boldsymbol{S}_1 + (3-1)\boldsymbol{S}_2}{3+3-2} = \begin{bmatrix} 1 & -1 \\ -1 & 4 \end{bmatrix}$$

(R 프로그램)

```
> group1=matrix(c(2,4,3,12,10,8), ncol=2)
> group2=matrix(c(5,3,4,7,9,5), ncol=2)
> mean1=colMeans(group1);mean2=colMeans(group2) # x̄1와 x̄2 계산
> s1=var(group1);s2=var(group2) # 표본 공분산행렬 계산
> n1=nrow(group1);n2=nrow(group2)
> s.pool=((n1-1)*s1+(n2-1)*s2)/(n1+n2-2) # 공통 공분산행렬 계산
```

또는 다음과 같이 cov.wt 함수를 사용하여 각각의 추정값을 구할 수 있다.

```
> s1=cov.wt(group1);s2=cov.wt(group2)
> mean1.bar=s1$center; mean2.bar=s2$center
> cov.pool=((s1$n.obs-1)*s1$cov+(s2$n.obs-1)*s2$cov)/(s1$n.obs+s2$n.obs-2)
```

(2) Fisher의 선형판별함수 계산

$$\hat{y} = (\overline{\boldsymbol{x}}_1 - \overline{\boldsymbol{x}}_2)' S_{pool}^{-1}\, \boldsymbol{x} = [-1 \quad 3] \begin{bmatrix} 1.333 & 0.333 \\ 0.333 & 0.333 \end{bmatrix} \begin{bmatrix} x_1 \\ x_2 \end{bmatrix}$$

$$= -0.333\, x_1 + 0.667\, x_2$$

(R 프로그램)

```
> coef=t(mean1-mean2)%*%solve(s.pool) # 판별계수 계산
```

(3) 분류규칙의 설정

분류점 $\widehat{m}$을 구하면

$$\widehat{m} = (\overline{\boldsymbol{x}}_1 - \overline{\boldsymbol{x}}_2)' S_{pool}^{-1}\, (\overline{\boldsymbol{x}}_1 + \overline{x}_2) = 4.5$$

가 되므로 분류규칙은 다음과 같이 설정된다.

"관측값 $\boldsymbol{x}_0 = (x_1,\ x_2)$에 대한 판별점수 y_0가 $y_0 \geq 4.5$이면 $\boldsymbol{x}_0$를 G_1으로 분류하고, 그렇지 않으면 G_2로 분류한다."

(R 프로그램)

```
> mhat=0.5*t(mean1-mean2)%*%solve(s.pool)%*%(mean1+mean2)
```

(4) 새로운 관측값 $\boldsymbol{x}_0=(4,\ 6)$의 분류

새로운 관측값 $\boldsymbol{x}_0=(4,\ 6)$에 대한 판별점수를 계산하면

$$\hat{y}_0=(-0.333\times 4)+(0.667\times 6)=2.667$$

이 되고, 이때 2.667은 분류 기준점 4.5보다 작으므로 $\boldsymbol{x}_0$를 집단 G_2로 분류하면 된다.

(R 프로그램)

```
> x0=c(4,6)
> y0hat=coef%*%x0
```

1.1.4 두 모집단이 정규분포를 따르면서 공분산 행렬이 서로 다를 경우

두 모집단이 정규분포를 따르면서 공분산 행렬이 서로 다를 경우 즉, $\Sigma_1\neq\Sigma_2$일 경우 분류규칙은 다소 복잡해진다. 왜냐하면 두 정규확률밀도함수의 비

$$\frac{f_1(\boldsymbol{x})}{f_2(\boldsymbol{x})}=\frac{|\Sigma_2|^{1/2}}{|\Sigma_1|^{1/2}}\exp\left[-\frac{1}{2}(\boldsymbol{x}-\boldsymbol{\mu}_1)'\Sigma_1^{-1}(\boldsymbol{x}-\boldsymbol{\mu}_1)+\frac{1}{2}(\boldsymbol{x}-\boldsymbol{\mu}_2)'\Sigma_2^{-1}(\boldsymbol{x}-\boldsymbol{\mu}_2)\right] \quad (1.11)$$

에서 $|\Sigma_i|^{1/2}$항은 소거되지가 않으며, 또한 지수부분의 이차식도 단순한 형태로 정리되지 않기 때문이다. 식 (1.11)의 양변에 자연로그를 취하면

$$\ln\frac{f_1(\boldsymbol{x})}{f_2(\boldsymbol{x})}=-\frac{1}{2}\boldsymbol{x}'(\Sigma_1^{-1}-\Sigma_2^{-1})\boldsymbol{x}+(\boldsymbol{\mu}'\Sigma_1^{-1}-\boldsymbol{\mu}'\Sigma_2^{-1})\boldsymbol{x}-k,$$

$$\text{여기서 } k=\frac{1}{2}ln\left(\frac{|\Sigma_1|}{|\Sigma_2|}\right)+\frac{1}{2}(\boldsymbol{\mu}_1{}'\Sigma_1^{-1}\boldsymbol{\mu}_1-\boldsymbol{\mu}_2{}'\Sigma_2^{-1}\boldsymbol{\mu}_2)$$

가 되고, 이때 $\boldsymbol{x}'(\Sigma_1^{-1}-\Sigma_2^{-1})\boldsymbol{x}$는 $\boldsymbol{x}$에 대한 이차식이 되며 이 식을 이차판별함수(quadratic discriminant function)라고 한다.

이차판별함수를 이용할 경우의 분류규칙은 다음과 같게 된다.

정규분포를 따르면서 공분산 행렬이 서로 다를 경우

관측값 $\boldsymbol{x}_0$에 대하여

$$-\frac{1}{2}\boldsymbol{x}_0{}'(\Sigma_1^{-1}-\Sigma_2^{-1})\boldsymbol{x}_0+(\boldsymbol{\mu}'\Sigma_1^{-1}-\boldsymbol{\mu}'\Sigma_2^{-1})\boldsymbol{x}_0-k\ge \ln\left[\left(\frac{c(1|2)}{c(2|1)}\right)\left(\frac{p_2}{p_1}\right)\right] \text{ 이면}$$

$\boldsymbol{x}_0$를 G_1으로 분류,

$$-\frac{1}{2}\boldsymbol{x}_0{}'(\Sigma_1^{-1}-\Sigma_2^{-1})\boldsymbol{x}_0+(\boldsymbol{\mu}'\Sigma_1^{-1}-\boldsymbol{\mu}'\Sigma_2^{-1})\boldsymbol{x}_0-k< \ln\left[\left(\frac{c(1|2)}{c(2|1)}\right)\left(\frac{p_2}{p_1}\right)\right] \text{ 이면}$$

$\boldsymbol{x}_0$를 G_2로 분류. 단, $k=\frac{1}{2}ln\left(\frac{|\Sigma_1|}{|\Sigma_2|}\right)+\frac{1}{2}(\boldsymbol{\mu}_1{}'\Sigma_1^{-1}\boldsymbol{\mu}_1-\boldsymbol{\mu}_2{}'\Sigma_2^{-1}\boldsymbol{\mu}_2)$

일반적으로 모수 μ_1, μ_2, Σ_1, Σ_2는 알려져 있지 않기 때문에 이들 대신 표본으로부터 추정되는 통계량 $\overline{\boldsymbol{x}}_1$, $\overline{\boldsymbol{x}}_2$, $\boldsymbol{S}_1$, $\boldsymbol{S}_2$로 대체하면 분류규칙은 다음과 같게 된다.

정규분포를 따르면서 공분산 행렬이 서로 다를 경우(μ_1, μ_2, Σ_1, Σ_2를 모를 때)

관측값 $\boldsymbol{x}_0$에 대하여

$$-\frac{1}{2}\boldsymbol{x}_0{}'(\boldsymbol{S}_1^{-1}-\boldsymbol{S}_2^{-1})\boldsymbol{x}_0+(\overline{\boldsymbol{x}}_1{}'\boldsymbol{S}_1^{-1}-\overline{\boldsymbol{x}}_2{}'S_2^{-1})\boldsymbol{x}_0-k\ge \ln\left[\left(\frac{c(1|2)}{c(2|1)}\right)\left(\frac{p_2}{p_1}\right)\right] \text{ 이면}$$

$\boldsymbol{x}_0$를 G_1으로 분류,

$$-\frac{1}{2}\boldsymbol{x}_0{}'(\boldsymbol{S}_1^{-1}-\boldsymbol{S}_2^{-1})\boldsymbol{x}_0+(\overline{\boldsymbol{x}}_1{}'\boldsymbol{S}_1^{-1}-\overline{\boldsymbol{x}}_2{}'S_2^{-1})\boldsymbol{x}_0-k< \ln\left[\left(\frac{c(1|2)}{c(2|1)}\right)\left(\frac{p_2}{p_1}\right)\right] \text{ 이면}$$

$\boldsymbol{x}_0$를 G_2로 분류. 단, $k=\frac{1}{2}ln\left(\frac{|\boldsymbol{S}_1|}{|\boldsymbol{S}_2|}\right)+\frac{1}{2}(\overline{\boldsymbol{x}}_1{}'\boldsymbol{S}_1^{-1}\overline{\boldsymbol{x}}_1-\overline{\boldsymbol{x}}_2{}'\boldsymbol{S}_2^{-1}\overline{\boldsymbol{x}}_2)$

모집단이 정규분포를 따르지 않을 경우에는 관측값들을 정규분포에 근사하도록 변환시킨 후, 변환된 값들을 이용하여 공분산 행렬의 동일성에 대한 검정 즉, 가설 $H_0:\Sigma_1=\Sigma_2$, $H_1:\Sigma_1\ne\Sigma_2$에 대한 검정을 하여야 한다. 검정 결과, 귀무가설 H_0가 채택될 경우에는 선형판별함수를, H_0가 기각될 경우에는 이차판별함수를 사용하면 된다.

예제 1-6

연어는 강의 상류천에서 부화한 후 바다로 나아간다. 그러다 산란기가 되면 알을 낳기 위하여 다시 자신이 태어난 곳으로 되돌아와 산란 후 최후의 죽음을 강에서 맞이하게 된다. <표 7>은 알래스카와 캐나다 두 지역에서 부화한 연어의 크기를 측정한 결과로서 X_1은 강에서, X_2는 바다에서 성장한 길이를 각각 나타낸다. 단, 표본은 확률벡터 $\boldsymbol{X}'=(X_1,\ X_2)$가 각각 다변량 정규분포 $N(\mu_i,\ \Sigma_i),\ i=1,\ 2$를 따르는 두 모집단으로부터 추출되었다고 가정한다.

〈표 7〉 알래스카와 캐나다 연어의 크기

알래스카(group1)		캐나다(group2)		알래스카(group1)		캐나다(group2)	
X_1	X_2	X_1	X_2	X_1	X_2	X_1	X_2
108	368	129	420	102	429	145	376
131	355	148	371	101	469	115	354
105	469	179	409	85	444	134	383
86	506	152	381	109	397	117	355
99	402	166	377	106	442	126	345
87	423	124	389	82	431	118	379
94	440	156	419	118	381	120	369
117	489	131	345	105	388	153	403
79	432	140	362	121	403	150	354
99	403	144	345	85	451	154	390
114	428	149	393	83	453	155	349
123	372	108	330	53	427	109	325
123	372	135	355	95	411	117	344
109	420	170	386	76	442	128	400
112	394	152	301	95	426	144	403
104	407	153	397	87	402	163	370
111	422	152	301	70	397	145	355
126	423	136	438	84	511	133	375
105	434	122	306	91	469	128	383
119	474	148	383	74	451	123	349
114	396	90	385	101	474	144	373
100	470	145	337	80	398	140	388
84	399	123	364				

출처: Data courtesy of K.A. Jensen and B. Van Alen of the State of Alaska Department of Fish and Game.

(1) 오류비용이 동일하다고 가정할 때 이차판별계수 및 분류결과를 출력하기 위한 사용자 함수를 만들어라.

(2) <표 7>에 주어진 자료가 현재 사용 중인 디렉토리에 alska.txt와 canada.txt 란 이름으로 저장되어 있다고 할 때 (1)에서 만든 사용자 함수를 사용하여 판별분석을 하여라.

(3) 분류결과에 대한 산점도를 출력하여라.

풀이 (1) 사용자 함수 만들기

(R 프로그램)

```
disc.fct=function(x,y){
x=as.matrix(x);y=as.matrix(y)
n1=nrow(x);n2=nrow(y)
prior.x=n1/(n1+n2);prior.y=1-prior.x
A=cov.wt(x,method="ML");B=cov.wt(y,method="ML")
mean1=A$center; mean2=B$center
s1=A$cov;s2=B$cov
inver.s1=solve(s1); inver.s2=solve(s2)
c1=-(1/2)*(inver.s1-inver.s2)
c2=inver.s1%*%mean1-inver.s2%*%mean2
k=(1/2)*(log(det(s1)/det(s2)))+(1/2)*(t(mean1)%*%inver.s1%*%mean1
-t(mean2)%*%inver.s2%*%mean2)+log(prior.x/prior.y)
score.x=t(diag(x%*%c1%*%t(x))+x%*%c2-rep(k,n1))
score.y=t(diag(y%*%c1%*%t(y))+y%*%c2-rep(k,n2))
class=c(score.x, score.y)
class=as.numeric(class<0)+1  #>0:1 and <0:2
list(c1=c1, c2=c2, class=class)
}
disc.fct(gr1,gr2)
```

(2) 판별분석

(R 프로그램)

```
> alska=read.table("alska.txt", header=T)
> canada=read.table("canada.txt", header=T)
> y=disc.fct(alska, canada)
```

(출력 결과)

```
$c1
                x1            x2
x1 -0.0003273146 -0.0005202227
x2 -0.0005202227  0.0001576518

$c2
          [,1]
x1 0.35206496
x2 0.05352955

$class
 [1] 1 2 1 1 1 1 1 1 1 1 1 2 2 1 1 1 1 1 1 1 1 1 1 1 1 1 1 1 1 2 1 1 1 1 1
[36] 1 1 1 1 1 1 1 1 1 1 1 2 2 2 2 2 2 2 2 2 2 2 2 2 2 2 2 2 2 2 1 2 2 2 2
[71] 2 2 2 2 2 2 2 2 2 2 2 2 2 2 2 2 2 2 2 2
```

※ 이차판별함수를 이용한 판별분석을 위하여 R에서 제공되는 함수는 qda이다. qda 함수의 사용 요령은 lda 함수와 거의 비슷하며, qda 함수의 사용을 위해서는 lda 함수의 경우와 마찬가지로 패키지 MASS를 설치하여야 한다.

(R 프로그램)

```
> library(MASS)
> data0=rbind(alska, canada)
> group=factor(c(rep("1", nrow(alska)), rep("2", nrow(canada))))
> result=qda(data0, grouping=group); result
```

(출력 결과)

```
Call:
qda(data0, grouping = group)

Prior probabilities of groups:
  1   2
0.5 0.5

Group means:
         x1       x2
1  98.93333 426.5333
2 138.06667 369.2444
```

```
new.result=predict(result, data0)
rr=new.result $class; rr
```

(R 프로그램 설명)

○ predict 함수를 사용하게 되면 분류결과($class), 사후확률($posterior), 그리고 판별점수($x)가 출력된다. 따라서 분류결과만을 출력하기 위해서는 함수 predict의 출력결과 중에서 $class부분만 출력하도록 명령하면 된다.

(출력 결과)

```
 [1] 1 2 1 1 1 1 1 1 1 1 1 2 2 1 1 1 1 1 1 1 1 1 1 1 1 1 1 1 1 1 2 1 1 1 1 1
[36] 1 1 1 1 1 1 1 1 1 1 1 2 2 2 2 2 2 2 2 2 2 2 2 2 2 2 2 2 2 2 2 1 2 2 2 2
[71] 2 2 2 2 2 2 2 2 2 2 2 2 2 2 2 2 2 2 2 2 2
Levels: 1 2
```

(출력 결과 설명)

위의 출력 결과들에서 보는 바와 같이 사용자 함수를 사용한 것과 qda 함수를 사용한 분류 결과는 동일하다는 것을 알 수 있다.

(3) 산점도 출력

(사용자 함수를 사용하였을 경우)

```
> group=factor(c(rep("1", nrow(alska)), rep("2", nrow(canada))))
> plot(data0, col=group, pch=y$class, xlab="x1", ylab="x2")
```

(qda 함수를 사용하였을 경우)

```
> plot(data0, col=group, pch=as.numeric(rr))
```

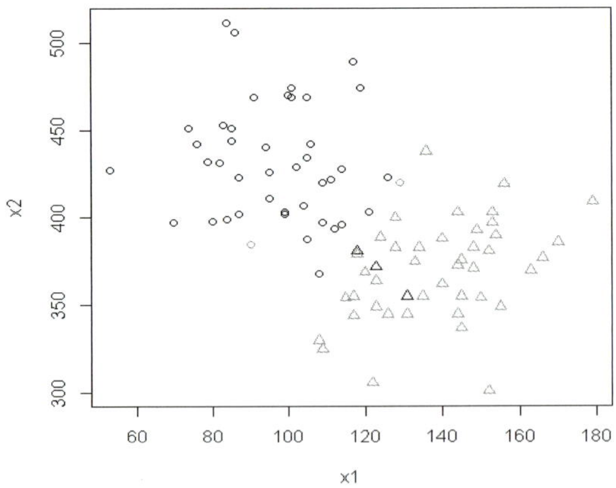

〈그림 4〉 산점도

1.1.5 오류율의 계산

판별함수의 타당성 정도는 오분류 확률(misclassification probability) 또는 오류율(error rate)을 이용하여 평가할 수 있다. 오분류 확률은 모집단의 분포 형태가 완전히 알려져 있을 경우에 계산할 수 있다. 하지만 일반적으로 모집단의 분포형태에 대하여 알려져 있지 않는 경우가 대부분이므로 여기서는 판별함수를 이용하여 구할 수 있는 오류율에 대하여 알아보도록 할 것이다.

모집단의 분포형태에 의존하지 않으면서 어떠한 분류규칙하에서도 계산가능한 오류율의 측정도구로서 명백한 오류율(apparent error rate: APER)이 있다. 명백한 오류율이란 판별함수에 의해서 잘못 분류된 관측값의 비율로 정의된다. 즉 n_1과 n_2를 각각 모집단 G_1과 G_2로부터 추출된 표본의 개수, n_{1M}을 실제로는 G_1에 속함에도 불구하고 G_2에 속한다고 잘못 분류된 표본의 개수, n_{2M}을 실제로는 집단 G_2에 속함에도 불구하고 G_1에 속한다고 잘못 분류된 표본의 개수라고 할 때 명백한 오류율 APER은 다음과 같이 정의된다.

$$\text{APER}=\frac{n_{1M}+n_{2M}}{n_1+n_2}$$

〈표 8〉 분류표

실제 집단 \ 예측 집단	G_1	G_2	계
G_1	n_{1c}	n_{1M}	n_1
G_2	n_{2M}	n_{2c}	n_2

명백한 오류율을 계산하기 위하여 판별함수 도출 시 사용된 표본을 다시 사용하여 오류율을 추정할 수 있는데 이러한 방법으로 오류율을 추정하는 방법을 재대입법(resubstitution)이라고 한다. 즉 재대입법에서는 표본으로부터 판별함수를 얻은 후, 이 판별함수를 사용하여 전체 표본을 다시 분류하였을 때 잘못 분류된 표본의 개수를 전체 표본의 개수로 나누어 오류율을 계산하게 된다. 하지만 재대입법으로 계산된 오류율은 실제보다 낮게 추정되는 경향이 있기 때문에 실제적으로는 좋지 않은 판별함수임에도 불구하고 좋은 판별함수인 것처럼 보이게 하는 문제점을 가지고 있다.

재대입법에 의한 문제점을 보완하기 위한 방법으로 전체 표본을 훈련표본(training sample)과 타당성 표본(validation sample)으로 나누어 훈련표본은 판별함수를 도출하는데 사용하고, 타당성 표본은 도출된 판별함수의 판별능력 즉, 오류율을 계산하는데 사용하는 방법이 있다. 그러나 이 방법은 판별함수를 구하고 그 능력을 평가하는데 동일한 자료를 사용하지 않아 오류율에 대한 편이(bias) 문제는 해결할 수 있지만, 많은 표본이 필요하다는 것과 자료 전체가 아닌 일부분만으로 판별함수를 구하기 때문에 실제 구하고자 하는 판별함수와 차이가 있을 수 있다는 결점을 가지고 있다.

판별함수를 보다 더 정확하게 평가하기 위하여 사용되는 방법으로 교차타당성(cross validation)법이 있다. 교차타당성법이란 전체 표본의 수만큼 집단을 나누어 판별함수의 타당성 정도를 검사하는 방법을 말한다. 즉, 한 개의 표본을 제외한 나머지 표본을 이용하여 판별함수를 구한 다음, 이 함수를 이용하여 제외하였던 표본을 예측하여 실제로 속해 있는 집단과 비교하는 과정을 전체 표본의 개수만큼 반복하여 오류율을 계산하는 방법을 말한다. 이 방법은 전체 표본수가 적어서 표본을 훈련표본과 타당성 표본으로 분할하기 어려울 때 유용하게 사용되는 방법으로 모든 자료가 훈련표본이 되면서 또한 타당성 표본이 된다는 특징을 가지고 있다. 교차타당성법은 표본의 크기가 클 경우에는 여러 번 반복해야 한다는 단점을 가지고 있지만 다른 어떤 방법보다도 보다 정확한 판별함수의 평가가 가능하다는 장점을 가지고 있다.

예제 1-7

예제 1.6)에서 재대입법에 의한 분류표를 출력하여라.

풀이 (R 프로그램)

```
> data1=read.table("alska.txt", header=T)
> data2=read.table("canada.txt", header=T)
> data0=rbind(data1,data2)
> group=c(rep("알래스카", nrow(data1)), rep("캐나다",nrow(data2)))
> total.data=data.frame(group, data0)
> library(MASS)
> result=qda(total.data[,c(2,3)], grouping=total.data[,1])
> kk=predict(result, total.data[,c(2,3)])
> table(group,kk$class)
```

(출력 결과)

```
group      알래스카 캐나다
  알래스카       41      4
  캐나다          2     43
```

(R 프로그램 설명)

◯ 분류표를 작성하기 위해서는 먼저 predict 함수로부터 출력되는 분류결과($class)를 이용하여야 한다. 그런 후에 table 함수를 위에서와 같이 사용하면 된다.

예제 1-8

예제 1.6)에서 교차타당법에 의한 분류표를 출력하여라.

풀이 분류표 출력을 위한 R 프로그램

```
> result.cv=qda(total.data[,c(2,3)], grouping=total.data[,1], CV=T)
> table(group, result.cv$class)
```

(출력 결과)

group	알래스카	캐나다
알래스카	39	6
캐나다	1	44

(R 프로그램 설명)

◯ lda 함수 또는 qda 함수에서 CV=T라는 명령어를 포함할 경우 교차타당성법에 의한 분류 결과(classes)를 출력해주며, 이를 생략할 경우 예제 1.7)과 같이 재대입법에 의한 분류결과를 출력해준다.

※ 분류표의 작성은 table 함수를 사용하면 되고, 이를 확률로 출력하기 위해서는 table 함수를 전체 표본의 개수로 나누어 주면 출력된다. 즉,

```
> table(group, result.cv$class)/nrow(data0)
```

예제 1-9

예제 1.6)에서 전체 자료를 60:40의 비율로 훈련 자료와 타당성 자료로 나누어 판별분석을 실시한 후 분류표를 출력하여라.

풀이 (R 프로그램)

```
> data1=read.table("alska.txt", header=T)
> data2=read.table("canada.txt", header=T)
```

```
> data0=rbind(data1,data2)
> training.data=data0[c(1:27,46:72), ]
> validation.data=data0[c(28:45,73:90), ]
> group.train=c(rep("알래스카",27), rep("캐나다",27))
> group.valid=c(rep("알래스카",18), rep("캐나다",18))
> data1=data.frame(group.train, training.data)
> result=qda(data1[,c(2,3)], grouping=data1[,1])
> new=predict(result, validation.data)
> table(group.valid, new$class)
```

(출력 결과)

```
group.valid 알래스카 캐나다
   알래스카        18      0
   캐나다           1     17
```

(R 프로그램 설명)

- 전체 자료를 60:40 즉, 훈련 자료를 27개, 타당성 자료를 18개로 나누기 위해서
  training.data=data0[c(1:27,46:72),]
  validation.data=data0[c(28:45,73:90),]
  이 사용되었다.
- qda 함수에서 data1[,c(2,3)]은 훈련 자료(training.data)의 두 번째와 세 번째 열의 자료를 사용하라는 의미이며, grouping=data1[,1]은 training.data의 첫 번째 열이 집단을 나타내는 자료이므로 이를 사용하라는 의미이다.
- predict(result, validation.data)는 훈련 자료로부터 도출된 판별함수를 사용하여 타당성 자료(validation.data)를 분류하기 위하여 사용되었다.

1-2 집단이 여러 개일 경우의 판별분석

1.2.1 오분류 기대비용을 최소화하는 분류규칙

서로 다른 g개의 모집단 G_1, G_2, $\cdots$, G_g가 있고, 각 모집단에서 확률벡터 $\boldsymbol{X}' = (X_1, X_2, \cdots, X_p)$의 확률밀도함수를 $f_i(\boldsymbol{x})$, $i = 1, 2, \cdots, g$라 하자. 그리고 표본공간 S에서

R_1, R_2, $\cdots$, R_g를 서로 배반이면서 각각 모집단 G_1, G_2, $\cdots$, G_g에 속하는 $\boldsymbol{x}$ 값들의 집합이라 하자. 이때 관측값 $\boldsymbol{x}$가 실제로는 모집단 G_i에 속함에도 불구하고 모집단 G_k에 속한다고 잘못 판단할 조건부확률은 다음과 같이 계산된다.

$$P(k|i) = P(\boldsymbol{X} \in R_k | G_i) = \int_{R_k} f_i(\boldsymbol{x}) d\boldsymbol{x}$$

여기서 모집단 G_i에 속하는 관측값 $\boldsymbol{x}$를 모집단 G_k에 속한다고 잘못 분류하였을 때의 오분류 비용을 $c(k|i)$라고 할 때 실제로는 모집단 G_1에 속하지만 모집단 G_2 또는 G_3, $\cdots$, G_g 등에 속한다고 잘못 판단할 오분류 기대비용 ECM(1)은

$$\begin{aligned}\text{ECM(1)} &= P(2|1)c(2|1) + P(3|1)c(3|1) + \cdots + P(g|1)c(g|1) \\ &= \sum_{k=2}^{g} P(k|1)c(k|1)\end{aligned}$$

이 된다. 이때 관측값 $\boldsymbol{x}$가 모집단 G_i에 속할 사전확률을 p_i라 하면 오분류 기대비용 ECM(1)은 p_1이라는 확률로 발생하게 된다. 동일한 요령으로 오분류 기대비용 ECM(2), $\cdots$, ECM(g) 등도 구할 수 있으며, 그리고 관측값 $\boldsymbol{x}$가 각 모집단에 속할 사전확률을 p_2, $\cdots$, p_g라 하면 각 오분류 기대비용은 p_2, $\cdots$, p_g라는 확률로 발생하게 된다. 따라서 전체 오분류 기대비용 ECM은 각 오분류 기대비용 ECM(i)에 해당 확률 p_i를 곱하여 더한 값으로 정의되어지며, 다음과 같이 계산되어진다.

$$\begin{aligned}\text{ECM} &= p_1\text{ECM(1)} + p_2\text{ECM(2)} + \cdots + p_g\text{ECM(g)} \\ &= p_1\left(\sum_{k=2}^{g} P(k|1)c(k|1)\right) + p_2\left(\sum_{\substack{k=1 \\ k\neq 2}}^{g} P(k|2)c(k|2)\right) + \cdots + p_g\left(\sum_{k=1}^{g-1} P(k|g)c(k|g)\right) \\ &= \sum_{i=1}^{g} p_i\left(\sum_{\substack{k=1 \\ k\neq i}}^{g} P(k|i)c(k|i)\right) = \sum_{i=1}^{g} p_i\left(\sum_{\substack{k=1 \\ k\neq i}}^{g} c(k|i)\int_{R_k} f_i(\boldsymbol{x})dx\right)\end{aligned}$$

오분류 기대비용 ECM을 최소로 하는 분류규칙을 정하는 것은 임의의 관측값 $\boldsymbol{x}$를 $\sum_{i=1, i\neq k}^{g} p_i f_i(\boldsymbol{x}) c(k|i)$, $k=1, 2, \cdots, g$의 값이 가장 적은 모집단 G_k로 분류하는 것과 동일한 것이 된다(Anderson, 2003). 만약 각 모집단에 대한 오분류 비용이 모두 동일하다고 할 경우

$$\sum_{i=1, i\neq k}^{g} p_i f_i(\boldsymbol{x}) \tag{1.12}$$

의 값이 가장 적은 모집단 G_k로 관측값 $\boldsymbol{x}$를 분류하면 된다. 이것은 (1.12)의 계산에서 제외된 $p_k f_k(\boldsymbol{x})$의 값이 가장 클 때 (1.12)의 값이 가장 적게 된다는 것과 같은 의미이므로 오분류 비용이 동일할 경우 오분류 기대비용을 최소로 하는 분류규칙은 다음과 같게 된다.

오분류 기대비용을 최소화하는 분류규칙

관측값 $\boldsymbol{x}_0$에 대하여

$$p_k f_k(\boldsymbol{x}_0) > p_i f_i(\boldsymbol{x}_0),\quad i \neq k \text{일 때} \tag{1.13}$$

이면 $\boldsymbol{x}_0$를 집단 G_k로 분류.

참고사항

분류규칙 (1.13)은 사후확률

$$P(G_k|\boldsymbol{x}_0) = \frac{p_k f_k(\boldsymbol{x}_0)}{\sum_{i=1}^{g} p_i f_i(\boldsymbol{x}_0)}$$

이 최대가 되는 집단 G_k에 관측값 $\boldsymbol{x}_0$를 분류하는 것과 동일하다.[7]

예제 1-10

관측값 $\boldsymbol{x}_0$에 대한 오분류 비용 $c(k|i)$, 사전확률 p_i, 그리고 확률밀도함수 $f_i(\boldsymbol{x})$의 값이 각각 <표 9>와 같다고 할 때

〈표 9〉 $\boldsymbol{x}_0$에 대한 $c(k|i)$, p_i, $f_i(\boldsymbol{x})$의 값

		실제집단		
		G_1	G_2	G_3
분류집단	G_1	$c(1|1)=0$	$c(1|2)=500$	$c(1|3)=100$
	G_2	$c(2|1)=10$	$c(2|2)=0$	$c(2|3)=50$
	G_3	$c(3|1)=50$	$c(3|2)=200$	$c(3|3)=0$
사전확률 p_i		0.05	0.60	0.35
확률밀도함수 $f_i(\boldsymbol{x})$		.01	.85	.2

7) 이것은 (1.7)을 집단이 $g \geq 2$인 경우로 확장한 것이 된다.

(1) 관측값 $\boldsymbol{x}_0$를 어느 집단으로 분류해야 하는지를 결정하여라.

(2) (1)에서 각 집단에 대한 오분류 비용이 모두 같다고 할 경우 관측값 $\boldsymbol{x}_0$를 어느 집단으로 분류해야 하는지를 결정하여라.

(3) 관측값 $\boldsymbol{x}_0$가 각 집단에 속할 사후확률을 계산하여라.

풀이 (1) $\sum_{i=1, i\neq k}^{3} p_i f_i(\boldsymbol{x})c(k|i)$값의 계산

$k=1$일 때 $p_2 f_2(\boldsymbol{x}_0)c(1|2)+p_3 f_3(\boldsymbol{x}_0)c(1|3)$

$=(0.60)(0.85)(500)+(0.35)(0.2)(100)=262$

$k=2$일 때 $p_1 f_1(\boldsymbol{x}_0)c(2|1)+p_3 f_3(\boldsymbol{x}_0)c(2|3)$

$=(0.05)(0.01)(10)+(0.35)(0.2)(50)=3.505$

$k=3$일 때 $p_1 f_1(\boldsymbol{x}_0)c(3|1)+p_2 f_2(\boldsymbol{x}_0)c(3|2)$

$=(0.05)(0.01)(50)+(0.60)(0.85)(200)=102.025$

$k=2$일 때 $\sum_{i=1, i\neq k}^{3} p_i f_i(\boldsymbol{x})c(k|i)$이 최소가 되므로 $\boldsymbol{x}_0$를 집단 G_2로 분류한다.

(2) $p_i f_i(\boldsymbol{x}_0)$의 계산

$$p_1 f_1(\boldsymbol{x}_0)=(0.05)(0.01)=0.0005$$

$$p_2 f_2(\boldsymbol{x}_0)=(0.60)(0.85)=0.510$$

$$p_3 f_3(\boldsymbol{x}_0)=(0.35)(0.2)=0.07$$

$p_2 f_2(\boldsymbol{x}_0)=0.51 \geq p_i f_i(\boldsymbol{x}_0)$, $i=1,\ 3$이므로 $\boldsymbol{x}_0$를 집단 G_2로 분류한다.

(3) 사후확률 $P(G_i|\boldsymbol{x}_0)$의 계산

$$P(G_1|\boldsymbol{x}_0)=\frac{p_1 f_1(\boldsymbol{x}_0)}{\sum_{i=1}^{3} p_i f_i(\boldsymbol{x}_0)}$$

$$=\frac{(0.05)(0.01)}{(0.05)(0.01)+(0.60)(0.85)+(0.35)(0.20)}=\frac{0.0005}{0.5805}=0.0008$$

$$P(G_2|\boldsymbol{x}_0)=\frac{p_2 f_2(\boldsymbol{x}_0)}{\sum_{i=1}^{3} p_i f_i(\boldsymbol{x}_0)}=\frac{0.510}{0.5805}=0.8785$$

$$P(G_3|\boldsymbol{x}_0)=\frac{p_3 f_3(\boldsymbol{x}_0)}{\sum_{i=1}^{3} p_i f_i(\boldsymbol{x}_0)}=\frac{0.07}{0.5805}=0.1206$$

집단 G_2에 대한 사후확률이 가장 크므로 $\boldsymbol{x}_0$를 집단 G_2로 분류한다.

1.2.2 각 집단이 다변량 정규분포를 따르면서 공분산 행렬이 모두 동일한 경우

서로 다른 g개의 모집단 G_1, G_2, $\cdots$, G_g가 있고, 각 모집단에서 확률벡터 $\boldsymbol{X}' = (X_1, X_2, \cdots, X_p)$가 평균벡터 $\boldsymbol{\mu}_i$, 공분산 행렬 Σ인 정규분포 $N(\boldsymbol{\mu}_i, \Sigma)$를 따른다고 할 때 모집단 G_i의 확률밀도함수는 다음과 같게 된다.

$$f_i(\boldsymbol{x}) = \frac{1}{(2\pi)^{p/2}|\Sigma|^{1/2}} exp\left[-\frac{1}{2}(\boldsymbol{x}-\boldsymbol{\mu}_i)'\Sigma^{-1}(\boldsymbol{x}-\boldsymbol{\mu}_i)\right], \quad i = 1, 2, \cdots, g$$

각 모집단에 대한 오분류 비용이 모두 같다고 할 경우

$$p_i f_i(\boldsymbol{x}) = \frac{p_i}{(2\pi)^{p/2}|\Sigma|^{1/2}} exp\left[-\frac{1}{2}(\boldsymbol{x}-\boldsymbol{\mu}_i)'\Sigma^{-1}(\boldsymbol{x}-\boldsymbol{\mu}_i)\right]$$

이고, 위 식의 양변에 자연대수를 취하면

$$\begin{aligned}\ln p_i f_i(\boldsymbol{x}) &= \ln p_i - \left(\frac{p}{2}\right)\ln(2\pi) - \frac{1}{2}ln|\Sigma| - \frac{1}{2}(\boldsymbol{x}-\boldsymbol{\mu}_i)'\Sigma^{-1}(\boldsymbol{x}-\boldsymbol{\mu}_i) \\ &= \ln p_i - \left(\frac{p}{2}\right)\ln(2\pi) - \frac{1}{2}ln|\Sigma| - \frac{1}{2}\boldsymbol{x}'\Sigma^{-1}\boldsymbol{x} + \boldsymbol{\mu}_i'\Sigma^{-1}\boldsymbol{x} - \frac{1}{2}\boldsymbol{\mu}_i'\Sigma^{-1}\boldsymbol{\mu}_i \quad (1.14)\end{aligned}$$

가 된다. 식 (1.14)에서 $-(p/2)\ln(2\pi) - (1/2)\ln|\Sigma| - (1/2)\boldsymbol{x}'\Sigma^{-1}\boldsymbol{x}$는 모든 집단에 대해서 동일하므로 무시하면, 모집단 G_i에 대한 판별점수(discriminant score)는 다음과 같이 정의된다.

$$d_i(\boldsymbol{x}) = \ln p_i + \boldsymbol{\mu}_i'\Sigma^{-1}\boldsymbol{x} - \frac{1}{2}\boldsymbol{\mu}_i'\Sigma^{-1}\boldsymbol{\mu}_i, \quad i = 1, 2, \cdots, g$$

따라서 각 모집단의 확률벡터 $\boldsymbol{x}'$이 정규분포를 따르면서 동일한 공분산 행렬을 가진다고 할 경우 판별점수 $d_k(\boldsymbol{x})$가 모든 $d_1(\boldsymbol{x})$, $d_2(\boldsymbol{x})$, $\cdots$, $d_g(\boldsymbol{x})$ 중에서 가장 클 때 관측값 $\boldsymbol{x}$를 모집단 G_k로 분류하면 된다.

일반적으로 모수 $\boldsymbol{\mu}_i$와 Σ는 알려져 있지 않으므로 이들의 추정량인 표본평균벡터 $\overline{\boldsymbol{x}}_i$와 합동공분산 행렬

$$\boldsymbol{S}_{pooled} = \frac{(n_1-1)\boldsymbol{S}_1 + (n_2-1)\boldsymbol{S}_2 + \cdots + (n_g-1)\boldsymbol{S}_g}{n_1+n_2+\cdots+n_g-g} = \frac{\sum_{i=1}^{g}(n_i-1)S_i}{\left(\sum_{i=1}^{g}n_i\right)-g}$$

를 사용하면 $\hat{d}_i(\boldsymbol{x})$의 추정값은

$$\hat{d}_i(\boldsymbol{x}) = \ln p_i + \overline{\boldsymbol{x}}_i'\boldsymbol{S}_{pooled}^{-1}\boldsymbol{x} - \frac{1}{2}\overline{\boldsymbol{x}}_i'\boldsymbol{S}_{pooled}^{-1}\overline{\boldsymbol{x}}_i, \quad i = 1, 2, \cdots, g$$

가 되며,[8] 따라서 분류규칙은 다음과 같게 된다.

정규분포를 따르고 공분산 행렬이 동일할 경우의 분류규칙(μ_i, Σ를 모를 때)

관측값 $\boldsymbol{x}_0$에 대하여 판별점수 $\widehat{d_k}(\boldsymbol{x}_0)$가 모든 $\widehat{d_1}(\boldsymbol{x}_0)$, $\widehat{d_2}(\boldsymbol{x}_0)$, $\cdots$, $\widehat{d_g}(\boldsymbol{x}_0)$ 중에서 가장 크다고 할 때 관측값 $\boldsymbol{x}_0$를 집단 G_k로 분류.

예제 1-11

공분산 행렬이 동일한 세 정규모집단 G_1, G_2, G_3로부터 추출된 표본으로부터 확률변수 X_1과 X_2에 대한 측정 결과가 다음과 같다고 할 때 관측값 $\boldsymbol{x}_0{}' = (-2,\ -1)$을 어느 집단으로 분류해야 할지를 결정하여라. 단, 사전확률은 $p_1 = p_2 = 0.25$, $p_3 = 0.50$이다.

G_1		G_2		G_3	
X_1	X_2	X_1	X_2	X_1	X_2
−2	5	0	6	1	−2
0	3	2	4	0	0
1	1	1	2	−1	−4

풀이 각 집단에서의 표본평균벡터와 표본공분산행렬을 구하면

집단 G_1: $n_1 = 3$, $\overline{\boldsymbol{x}}_1 = \begin{bmatrix} -1 \\ 3 \end{bmatrix}$, $\boldsymbol{S}_1 = \begin{bmatrix} 1 & -1 \\ -1 & 4 \end{bmatrix}$

집단 G_2: $n_2 = 3$, $\overline{\boldsymbol{x}}_2 = \begin{bmatrix} 1 \\ 4 \end{bmatrix}$, $\boldsymbol{S}_2 = \begin{bmatrix} 1 & -1 \\ -1 & 4 \end{bmatrix}$

집단 G_3: $n_3 = 3$, $\overline{\boldsymbol{x}}_3 = \begin{bmatrix} 0 \\ -2 \end{bmatrix}$, $\boldsymbol{S}_3 = \begin{bmatrix} 1 & 1 \\ 1 & 4 \end{bmatrix}$

따라서 공통인 공분산행렬의 추정값 및 이의 역행렬은 다음과 같이 계산된다.

$$\boldsymbol{S}_{pooled} = \frac{(3-1)\begin{bmatrix} 1 & -1 \\ -1 & 4 \end{bmatrix} + (3-1)\begin{bmatrix} 1 & -1 \\ -1 & 4 \end{bmatrix} + (3-1)\begin{bmatrix} 1 & 1 \\ 1 & 4 \end{bmatrix}}{9-3}$$

$$= \begin{bmatrix} 1 & -\dfrac{1}{3} \\ -\dfrac{1}{3} & 4 \end{bmatrix}$$

8) 사전확률 p_i를 모를 경우 일반적으로 $p_1 = p_2 = \cdots = p_g = 1/g$로 놓는다

$$S_{pooled}^{-1} = \frac{9}{35}\begin{bmatrix} 4 & \frac{1}{3} \\ \frac{1}{3} & 1 \end{bmatrix} = \frac{1}{35}\begin{bmatrix} 36 & 3 \\ 3 & 9 \end{bmatrix}$$

- 집단 G_1에 대한 판별점수 $\hat{d}_1(\boldsymbol{x}_0)$의 계산:

$$\begin{aligned}\hat{d}_1(\boldsymbol{x}_0) &= \ln p_1 + \bar{\boldsymbol{x}}_1{}' S_{pool}^{-1}\boldsymbol{x}_0 - \frac{1}{2}\bar{\boldsymbol{x}}_1{}' S_{pool}^{-1}\bar{\boldsymbol{x}}_1 \\ &= \ln(0.25) + [-1\ \ 3]\frac{1}{35}\begin{bmatrix} 36 & 3 \\ 3 & 9 \end{bmatrix}\begin{bmatrix} -2 \\ -1 \end{bmatrix} - \left(\frac{1}{2}\right)[-1\ \ 3]\frac{1}{35}\begin{bmatrix} 36 & 3 \\ 3 & 9 \end{bmatrix}\begin{bmatrix} -1 \\ 3 \end{bmatrix} \\ &= -1.943\end{aligned}$$

- 집단 G_2에 대한 판별점수 $\hat{d}_2(\boldsymbol{x}_0)$의 계산:

$$\begin{aligned}\hat{d}_2(\boldsymbol{x}_0) &= \ln p_2 + \bar{\boldsymbol{x}}_2{}' S_{pool}^{-1}\boldsymbol{x}_0 - \frac{1}{2}\bar{\boldsymbol{x}}_2{}' S_{pool}^{-1}\bar{\boldsymbol{x}}_2 \\ &= \ln(0.25) + [1\ \ 4]\frac{1}{35}\begin{bmatrix} 36 & 3 \\ 3 & 9 \end{bmatrix}\begin{bmatrix} -2 \\ -1 \end{bmatrix} - \left(\frac{1}{2}\right)[1\ \ 4]\frac{1}{35}\begin{bmatrix} 36 & 3 \\ 3 & 9 \end{bmatrix}\begin{bmatrix} 1 \\ 4 \end{bmatrix} \\ &= -8.158\end{aligned}$$

- 집단 G_3에 대한 판별점수 $\hat{d}_3(\boldsymbol{x}_0)$의 계산:

$$\begin{aligned}\hat{d}_3(\boldsymbol{x}_0) &= \ln p_3 + \bar{\boldsymbol{x}}_3{}' S_{pool}^{-1}\boldsymbol{x}_0 - \frac{1}{2}\bar{\boldsymbol{x}}_3{}' S_{pool}^{-1}\bar{\boldsymbol{x}}_3 \\ &= \ln(0.5) + [0\ \ -2]\frac{1}{35}\begin{bmatrix} 36 & 3 \\ 3 & 9 \end{bmatrix}\begin{bmatrix} -2 \\ -1 \end{bmatrix} - \left(\frac{1}{2}\right)[0\ \ -2]\frac{1}{35}\begin{bmatrix} 36 & 3 \\ 3 & 9 \end{bmatrix}\begin{bmatrix} 0 \\ -2 \end{bmatrix} \\ &= -0.350\end{aligned}$$

따라서 판별점수값은 $\hat{d}_3(\boldsymbol{x}_0) = -0.350$이 가장 크므로 관측값 $\boldsymbol{x}_0$를 집단 G_3로 분류하면 된다.

(R프로그램)

$\hat{d}_1(\boldsymbol{x}_0)$값의 출력

```
x1=matrix(c(-2,5,0,3,-1,1), nrow=3, byrow=T)
x2=matrix(c(0,6,2,4,1,2), nrow=3, byrow=T)
x3=matrix(c(1,-2,0,0,-1,-4), nrow=3, byrow=T)
var(x1);var(x2);var(x3)
spool=((nrow(x1)-1)*var(x1)+(nrow(x2)-1)*var(x2)+(nrow(x3)-1)*var(x3))/
(nrow(x1)+nrow(x2)+nrow(x3)-3)
spool
solve(spool) #역행렬 출력
a=cov.wt(x1)
a$center #평균벡터 출력
```

```
a$cov  #공분산행렬 출력
t(a$center)%*%solve(spool)%*%a$center
p1=0.25;x0=c(-2,-1)
d.x1=log(p1)+t(a$center)%*%solve(spool)%*%x0-
(1/2)*t(a$center)%*%solve(spool)%*%a$center
d.x1
```

1.2.2 각 집단이 정규분포를 따르면서 공분산 행렬이 서로 다를 경우

서로 다른 g 개의 모집단 $G_1,\ G_2,\ \cdots,\ G_g$가 있고, 각 모집단에서 확률벡터 $\boldsymbol{X}'=(X_1,\ X_2,\ \cdots,\ X_p)$가 평균벡터 $\boldsymbol{\mu}_i$, 공분산 행렬 Σ_i인 정규분포 $N(\boldsymbol{\mu}_i,\ \Sigma_i)$, $i=1,\ 2,\ \cdots,\ g$를 따른다고 할 때 모집단 G_i의 확률밀도함수는 다음과 같게 된다.

$$f_i(\boldsymbol{x})=\frac{1}{(2\pi)^{p/2}|\Sigma_i|^{1/2}}exp\left[-\frac{1}{2}(\boldsymbol{x}-\boldsymbol{\mu}_i)'\Sigma_i^{-1}(\boldsymbol{x}-\boldsymbol{\mu}_i)\right],\quad i=1,\ 2,\ \cdots,\ g$$

각 모집단에 대한 오분류 비용이 모두 같을 경우 $p_i f_i(\boldsymbol{x})$는

$$p_i f_i(\boldsymbol{x})=\frac{p_i}{(2\pi)^{p/2}|\Sigma_i|^{1/2}}exp\left[-\frac{1}{2}(\boldsymbol{x}-\boldsymbol{\mu}_i)'\Sigma_i^{-1}(\boldsymbol{x}-\boldsymbol{\mu}_i)\right]$$

이고, 양변에 자연로그를 취하면

$$\ln p_i f_i(\boldsymbol{x})=\ln p_i-\left(\frac{p}{2}\right)\ln(2\pi)-\frac{1}{2}ln|\Sigma_i|-\frac{1}{2}(\boldsymbol{x}-\boldsymbol{\mu}_i)'\Sigma_i^{-1}(\boldsymbol{x}-\boldsymbol{\mu}_i)$$

가 된다. 이때 상수항 $(p/2)\ln(2\pi)$는 모든 집단에 대해서 동일하므로 무시하면 모집단 G_i에 대한 이차판별점수(quadratic discriminant score)는 다음과 같이 정의된다.

$$d_i^Q(\boldsymbol{x})=\ln p_i-\frac{1}{2}ln|\Sigma_i|-\frac{1}{2}(\boldsymbol{x}-\boldsymbol{\mu}_i)'\Sigma_i^{-1}(\boldsymbol{x}-\boldsymbol{\mu}_i),\quad i=1,\ 2,\ \cdots,\ g$$

일반적으로 모수 $\boldsymbol{\mu}_i$와 Σ_i는 알려져 있지 않기 때문에 이들의 추정량인 $\overline{\boldsymbol{x}}_i$와 $\boldsymbol{S}_i$를 사용하면 이차판별점수의 추정값은

$$\hat{d}_i^Q(\boldsymbol{x})=\ln p_i-\frac{1}{2}ln|\boldsymbol{S}_i|-\frac{1}{2}(\boldsymbol{x}-\overline{\boldsymbol{x}}_i)'\boldsymbol{S}_i^{-1}(\boldsymbol{x}-\overline{\boldsymbol{x}}_i),\quad i=1,\ 2,\ \cdots,\ g$$

가 되고 이때의 분류규칙은 다음과 같게 된다.

정규분포를 따르면서 공분산행렬 Σ_i가 같지 않을 경우의 분류규칙(μ_i, Σ_i를 모를 때)

관측값 $\boldsymbol{x}_0$에 대하여 $\hat{d}_k^Q(\boldsymbol{x}_0)$가 $\hat{d}_1^Q(\boldsymbol{x}_0)$, $\hat{d}_2^Q(\boldsymbol{x}_0)$, $\cdots$, $\hat{d}_g^Q(\boldsymbol{x}_0)$ 중에서 가장 크다고 할 때 관측값 $\boldsymbol{x}_0$를 모집단 G_k로 분류.

예제 1-12

확률벡터 $\boldsymbol{X}'=(X_1,\ X_2,\ X_3)$가 각각 정규분포 $N(\boldsymbol{\mu}_i,\ \Sigma_i)$, $i=1,\ 2,\ 3$를 따르는 세 모집단 A, B, C로부터 크기가 $n_1=n_2=n_3=6$인 표본을 랜덤으로 추출하여 측정한 결과가 다음과 같다고 할 때

(1) 판별점수 $\hat{d}_1^Q(\boldsymbol{x}_0)$, $\hat{d}_2^Q(\boldsymbol{x}_0)$, $\hat{d}_3^Q(\boldsymbol{x}_0)$를 구하기 위한 사용자 함수를 작성하여라.

(2) 관측값 $\boldsymbol{x}_0{}'=(12,\ 10,\ 30)$에 대한 판별점수를 구하고, 어느 집단으로 분류해야 하는지를 결정하여라.

A			B			C		
X_1	X_2	X_3	X_1	X_2	X_3	X_1	X_2	X_3
6	7	4	11	13	30	18	16	25
7	5	1	15	16	42	24	22	30
9	10	11	22	20	50	20	21	32
8	8	6	17	16	45	19	20	27
8	9	6	12	11	38	22	25	34
10	9	8	13	14	35	17	16	32

풀이 (1) 사용자 함수 만들기

```
qda.fct=function(X, Group, N.group, P, X0){
  x=X; y=Group; n.g=N.group; p=P; x0=X0
  d.x=c()
  for(k in 1:n.g){
     index=which(y==k)
     a=cov.wt(x[index,]);x.bar=a$center; S=a$cov
 d.x[k]=log(p[k])-(1/2)*log(det(S))-(1/2)*t(x0-x.bar)%*%solve(S)%*%(x0-x.bar)
  }
  predicted.class=which(d.x==max(d.x))
```

```
  result=list(d.x=d.x,predicted.class=predicted.class)
  return(result)
}
```

(2) 관측값 $\boldsymbol{x}_0{}' = (12,\ 10,\ 30)$에 대한 판별점수의 계산 및 분류

(R 프로그램)

```
> X1=matrix(c(6,7,4,7,5,1,9,10,11,8,8,6,8,9,6,10,9,8),6,3, byrow=T)
> X2=matrix(c(11,13,30,15,16,42,22,20,50,17,16,45,12,11,38,13,14,35),6,3,
  byrow=T)
> X3=matrix(c(18,16,25,24,22,30,20,21,32,19,20,27,22,25,34,17,16,32),6,3,
  byrow=T)
> train=rbind(X1,X2,X3)
> group=c(rep(1,nrow(X1)),rep(2,nrow(X2)),rep(3,nrow(X3)))
> n.group=3
> prior=rep(1/3,3)
> new.x=c(12, 10, 30)
> qda.fct(X=train, Group=group, N.group=n.group, P=prior, X0=new.x)
```

(출력 결과)

```
$d.x
[1] -199.888943  -16.780993   -9.954315
$predicted.class
[1] 3
```

(출력 결과 설명)

판별점수 $\hat{d}_3^Q(\boldsymbol{x}_0) = P(G_A | \boldsymbol{x}_0) = -9.954$가 가장 크므로 관측값 $\boldsymbol{x}_0$를 집단 3으로 분류하면 된다.

1.2.3 Fisher의 방법

모집단이 여러 개일 경우 Fisher의 판별분석은 모집단이 두 개일 경우와 마찬가지로 특정분포에 대한 가정을 필요로 하지 않으며, 단지 공분산 행렬이 모두 동일하다는 가정 즉, $\Sigma_1 = \Sigma_2 = \cdots \ \Sigma_g = \Sigma$만 요구하고 있다.[9)]

---

9) 이때의 Fisher 방법은 집단을 잘 구분할 수 있는 몇 개의 선형결합식 예를 들어, $\boldsymbol{a}_1{}'\boldsymbol{x}$, $\boldsymbol{a}_2{}'\boldsymbol{x}$, $\boldsymbol{a}_3{}'\boldsymbol{x}$ 등을 구하고자 하는 것에 근거를 두고 있다.

모집단 G_i의 평균벡터를 $\boldsymbol{\mu}_i(i=1, \cdots, g)$, g개 모집단 전체의 평균벡터를 $\overline{\boldsymbol{\mu}}$라 할 때 모집단 전체 평균벡터 $\overline{\boldsymbol{\mu}}$로부터 각 모집단 평균벡터 $\boldsymbol{\mu}_i$까지의 거리제곱합 $\boldsymbol{B}$는 다음과 같이 표현되어진다.

$$\boldsymbol{B} = \sum_{i=1}^{g}(\boldsymbol{\mu}_i - \overline{\boldsymbol{\mu}})(\boldsymbol{\mu}_i - \overline{\boldsymbol{\mu}})', \quad \text{여기서 } \overline{\boldsymbol{\mu}} = \frac{1}{g}\sum_{i=1}^{g}\boldsymbol{\mu}_i$$

판별계수벡터가 $\boldsymbol{a}$인 확률벡터 $\boldsymbol{X}$의 선형결합식은 $Y=\boldsymbol{a}'\boldsymbol{X}$로 표현되며, 이때 집단 G_i에 대한 선형결합식 Y의 평균은

$$\mu_{iY} = E(Y) = \boldsymbol{a}'E(\boldsymbol{X}|G_i) = \boldsymbol{a}'\boldsymbol{\mu}_i,$$

전체 모집단에 대한 Y의 평균은

$$\overline{\mu}_Y = \frac{1}{g}\sum_{i=1}^{g}\mu_{iY} = \frac{1}{g}\sum_{i=1}^{g}\boldsymbol{a}'\boldsymbol{\mu}_i = \boldsymbol{a}'\left(\frac{1}{g}\sum_{i=1}^{g}\boldsymbol{\mu}_i\right)$$

Y의 공분산 행렬은

$$Var(Y) = \boldsymbol{a}'Cov(\boldsymbol{X}|G_i)\boldsymbol{a} = \boldsymbol{a}'\Sigma\,\boldsymbol{a}$$

가 된다.

모집단이 여러 개일 경우 Fisher의 선형결합식은 모집단의 수가 두 개일 경우와 마찬가지로 Y값들의 전체 변화량에 대한 집단간 변화량의 비 즉,

$$\frac{(\mu_{iY}\text{와 } \overline{\mu}_Y\text{간의 거리제곱합})}{(Y\text{의 분산})} = \frac{\sum_{i=1}^{g}(\mu_{iY} - \overline{\mu}_Y)^2}{\sigma_Y^2} = \frac{\sum_{i=1}^{g}(\boldsymbol{a}'\boldsymbol{\mu}_i - \boldsymbol{a}'\overline{\boldsymbol{\mu}})^2}{\boldsymbol{a}'\Sigma\boldsymbol{a}}$$

$$= \frac{\boldsymbol{a}'\left(\sum_{i=1}^{g}(\boldsymbol{\mu}_i - \overline{\boldsymbol{\mu}})(\boldsymbol{\mu}_i - \overline{\boldsymbol{\mu}})'\right)\boldsymbol{a}}{\boldsymbol{a}'\Sigma\boldsymbol{a}} = \frac{\boldsymbol{a}'\boldsymbol{B}\boldsymbol{a}}{\boldsymbol{a}'\Sigma\,\boldsymbol{a}}$$

를 최대로 하는 $\boldsymbol{a}$로부터 구할 수 있다.

집단이 여러 개일 경우의 Fisher의 선형판별함수

$\Sigma^{-1}\boldsymbol{B}$ 의 고유값(eigenvalue)을 크기 순서대로 늘어놓은 것을 $\lambda_1 \geq \lambda_2 \geq \cdots \geq \lambda_s > 0$ (단, $s \leq \min(g-1, p)$), 이에 대응되는 고유벡터를 $\boldsymbol{e}_1, \boldsymbol{e}_2, \cdots, \boldsymbol{e}_s$(단, $\boldsymbol{e}'\Sigma\,\boldsymbol{e}=1$) 라 하자. 이때

$$\boldsymbol{a}'\boldsymbol{B}\boldsymbol{a}/\boldsymbol{a}'\Sigma\,\boldsymbol{a} = \frac{\boldsymbol{a}'\left(\sum_{i=1}^{g}(\boldsymbol{\mu}_i - \overline{\boldsymbol{\mu}})(\boldsymbol{\mu}_i - \overline{\boldsymbol{\mu}})'\right)\boldsymbol{a}}{\boldsymbol{a}'\Sigma\boldsymbol{a}}$$

를 최대로 하는 계수 벡터 $\boldsymbol{a}$는 $\boldsymbol{a}_1 = \boldsymbol{e}_1$로 주어지며, 이때의 선형함수 $\boldsymbol{a}'_1\boldsymbol{X}$를 일차 판별함수라 한다.
$\boldsymbol{a}'_1\boldsymbol{X}$와 $\boldsymbol{a}'_2\boldsymbol{X}$의 공분산 $Cov(\boldsymbol{a}'_1\boldsymbol{X},\ \boldsymbol{a}'_2\boldsymbol{X}) = 0$일 때 $\boldsymbol{a}_2 = \boldsymbol{e}_2$가 그 다음으로 $\boldsymbol{a}'\boldsymbol{B}\,\boldsymbol{a}/\boldsymbol{a}'\Sigma\,\boldsymbol{a}$를 최대로 하는 계수 벡터가 되며, 이때의 판별함수 $\boldsymbol{a}'_2\boldsymbol{X}$를 이차 판별함수라 한다.
계속적으로 $Cov(\boldsymbol{a}'_i\boldsymbol{X},\ \boldsymbol{a}'_k\boldsymbol{X}) = 0$(단, $i < k$)일 때 $\boldsymbol{a}_k = \boldsymbol{e}_k$가 $\boldsymbol{a}'\boldsymbol{B}\,\boldsymbol{a}/\boldsymbol{a}'\Sigma\,\boldsymbol{a}$를 최대로 하는 계수 벡터가 되며, 이때의 판별함수 $\boldsymbol{a}'_k\boldsymbol{X}$를 k차 판별함수라 한다(증명 생략. Johnson & Wichern, 1982. 참조)

참고사항

판별분석에서는 하나 이상의 판별함수가 계산되어지며, 이로부터 각 대상들에 대한 판별점수가 산출된다. 이때 판별함수는 g(집단수)-1과 p(독립변수의 개수) 중에서 적은 쪽의 수만큼 도출된다.
판별함수가 여러 개일 경우 첫 번째 판별함수가 집단을 구분하는데 있어 최선의 판별함수가 되며, 두 번째 판별함수는 첫 번째 판별함수와 직교를 이루면서 첫 번째 판별함수에서 사용되지 않은 정보에 기초하여 집단들을 구분해준다. 계속적으로 앞의 판별함수와 직교를 이루는 판별함수가 $\min(g-1,\ p)$ 수만큼 도출되지만 일반적으로 첫 번째와 두 번째 판별함수가 신뢰할 수 있을 정도로 집단들을 가장 잘 판별해주는 것이 보편적인 현상이다. 예를 들어 A, B, C 세 종류의 심리검사를 통하여 어린이들을 정상집단, 학습장애집단, 정서장애집단 중 어느 한 집단으로 구분하고자 할 경우 두 개의 판별함수가 도출된다. 이때 첫 번째 판별함수는 크게 정상집단과 장애집단간은 잘 구분해 주지만 학습장애집단과 정서장애집단을 잘 구별해주지 못하게 된다. 반면에 두 번째 판별함수는 첫 번째 판별함수와 직교를 이루면서 첫 번째 판별함수가 잘 판별하지 못하는 두 장애집단 즉, 학습장애집단과 정서장애집단을 잘 구분해 주게 된다.

일반적으로 모수 $\boldsymbol{\mu}_i$와 Σ는 알려져 있지 않는 경우가 대부분이므로 표본으로부터 이들을 추정하게 된다. 서로 다른 g개 모집단 $G_1,\ G_2,\ \cdots,\ G_g$으로부터 각각 크기가 n_i, $i = 1,\ \cdots,\ g$인 확률표본을 추출한다고 할 때 집단 G_i에서의 자료행렬은

$$\boldsymbol{X}_i = \begin{bmatrix} \boldsymbol{x}'_{11} \\ \boldsymbol{x}'_{12} \\ \vdots \\ \boldsymbol{x}'_{1n_i} \end{bmatrix}, \quad i = 1,\ 2,\ \cdots,\ g$$

가 되고, 이로부터 표본 평균벡터 $\overline{\boldsymbol{x}}_i = \sum_{j=1}^{n_i} \boldsymbol{x}_{ij}/n_i$, 공분산 행렬 $\boldsymbol{S}_i$, 전체 평균 벡터 $\overline{\boldsymbol{x}} =$

$\sum_{i=1}^{k}\bar{\boldsymbol{x}}_i/g$와 집단간 변화량 $\boldsymbol{B}_0 = \sum_{i=1}^{g}(\bar{\boldsymbol{x}}_i - \bar{\boldsymbol{x}})(\bar{\boldsymbol{x}}_i - \bar{\boldsymbol{x}})'$이 각각 계산되어진다. 그리고 공분산 행렬 Σ의 추정량인 합동공분산 행렬 $\boldsymbol{S}_{pooled}$은 다음과 같이 구해진다.

$$\boldsymbol{S}_{pooled} = \frac{\sum_{i=1}^{g}(n_i - 1)\boldsymbol{S}_i}{n_1 + n_2 + \cdots + n_g - g} = \frac{\sum_{i=1}^{g}\sum_{j=1}^{n_i}(\boldsymbol{x}_{ij} - \bar{\boldsymbol{x}}_i)(\boldsymbol{x}_{ij} - \bar{\boldsymbol{x}}_i)'}{n_1 + n_2 + \cdots + n_g - g}$$

$$= \frac{\boldsymbol{W}}{n_1 + n_2 + \cdots + n_g - g} \tag{1.15}$$

식 (1.15)로부터 집단내 제곱합을 나타내는 $\boldsymbol{W}$는 $\boldsymbol{S}_{pooled}$의 상수배가 되고, 따라서 $\hat{a}'\boldsymbol{B}_0\hat{a}/\hat{a}'\boldsymbol{S}_{pooled}\hat{a}$를 최대로 하는 $\hat{a}$는 마찬가지로 $\hat{a}'\boldsymbol{B}_0\hat{a}/\hat{a}'\boldsymbol{W}\hat{a}$를 최대로 하게 된다는 사실을 알 수 있다. 그리고 $\hat{a}$는 $\boldsymbol{W}^{-1}\boldsymbol{B}_0$의 고유벡터 $\hat{e}_i$로서 나타낼 수 있으므로 표본을 사용할 경우 Fisher의 표본판별함수는 다음과 같게 된다.

집단이 여러 개일 경우의 Fisher의 선형판별함수(μ_i, Σ를 모를 때)

$\boldsymbol{W}^{-1}\boldsymbol{B}_0$의 고유값을 크기 순서대로 놓은 것을 $\hat{\lambda}_1 \geq \hat{\lambda}_2 \geq \cdots \geq \hat{\lambda}_s > 0$(단, $s \leq \min(g-1,\ p)$)이라 하고, 이에 대응되는 고유벡터를 $\hat{e}_1,\ \hat{e}_2,\ \cdots,\ \hat{e}_s$(단, $\hat{e}'S_{pooled}\,\hat{e} = 1$)라 하자. 이때

$$\frac{\hat{a}'\boldsymbol{B}_0\hat{a}}{\hat{a}'\boldsymbol{W}\hat{a}} = \frac{\hat{a}'\left(\sum_{i=1}^{g}(\bar{x}_i - \bar{x})(\bar{x}_i - \bar{x})'\right)\hat{a}}{\hat{a}'\left[\sum_{i=1}^{g}\sum_{j=1}^{n_i}(\bar{x}_{ij} - \bar{x}_i)(\bar{x}_{ij} - \bar{x}_i)'\right]a} \tag{1.16}$$

를 최대화하는 계수 벡터 $\hat{a}$는 $\hat{a}_1 = \hat{e}_1$로 주어지며, 이때의 선형함수 $\hat{a}'\boldsymbol{X}$를 일차 표본판별함수라 한다. 그 다음으로 $\hat{a}_2 = \hat{e}_2$가 (1.16)을 최대로 하는 계수벡터가 될 때 $\hat{a}'\boldsymbol{X}$를 이차 표본판별함수, 계속해서 계수 벡터 $\hat{a}' = \hat{e}_k$가 (1.16)을 최대로 하는 계수벡터가 될 때 $\hat{a}'\boldsymbol{X}$를 k차 표본판별함수라 한다.

참고사항

고유값은 집단간 분산을 집단내 분산으로 나눈 비율로서, 도출될 수 있는 판별함수의 개수 즉, $s \leq \min(g-1,\ p)$만큼 계산된다. 고유값이 크면 클수록 집단간의 평균 차이로 인하여 발생되는 변화량이 집단내 변화량에 비하여 크다는 의미가 되고, 따라서 고유값이 클수록 도출된 판별함수의 판별력이 그만큼 높다고 할 수 있다.[10)]

예제 1-13

A, B, C 세 정유회사로부터 추출된 원유를 분석한 결과는 <표 10>과 같다고 한다. 여기서 X_1은 바나늄, X_2는 철분, X_3는 베릴륨, X_4는 포화탄화수소, X_5는 방향족 탄화수소 함유량을 각각 나타내며, 모집단은 각각 정규분포 $N(\mu_i, \Sigma)$를 따른다고 가정할 때 lda함수를 사용하여 Fisher의 판별분석을 실시하여라. (단, 자료는 현재 사용중인 디렉토리에 data0.txt란 이름으로 저장되어 있음)

〈표 10〉 정유회사별 원유 분석 결과

정유회사	X_1	X_2	X_3	X_4	X_5
A	3.9	51.0	0.20	7.06	12.19
	2.7	49.0	0.07	7.14	12.23
	2.8	36.0	0.30	7.00	11.30
	3.1	45.0	0.08	7.20	13.01
	3.5	46.0	0.10	7.81	12.63
	3.9	43.0	0.07	6.25	10.42
	2.7	35.0	0.00	5.11	9.00
B	5.0	47.0	0.07	7.06	6.10
	3.4	32.0	0.20	5.82	4.69
	1.2	12.0	0.00	5.54	3.15
	8.4	17.0	0.07	6.31	4.55
	4.2	36.0	0.50	9.25	4.95
	4.2	35.0	0.50	5.69	2.22
	3.9	41.0	0.10	5.63	2.94
	3.9	36.0	0.07	6.19	2.27
	7.3	32.0	0.30	8.02	12.92
	4.4	46.0	0.07	7.54	5.76
	3.0	30.0	0.00	5.12	10.77
C	6.3	13.0	0.50	4.24	8.27
	1.7	5.6	1.00	5.69	4.64
	7.3	24.0	0.00	4.34	2.99
	7.8	18.0	0.50	3.92	6.09
	7.8	25.0	0.70	5.39	6.20
	7.8	26.0	1.00	5.02	2.50
	9.5	17.0	0.05	3.52	5.71
	7.7	14.0	0.30	4.65	8.63

10) 고유값을 $\lambda_1, \lambda_2, \cdots, \lambda_s$라고 할 때 i번째 판별함수에 의하여 $\lambda_i / \sum_{j=1}^{s} \lambda_j$만큼의 변화량이 설명되어진다고 할 수 있다.

	11.0	20.0	0.50	4.27	8.40
	8.0	14.0	0.30	4.32	7.87
	8.4	18.0	0.20	4.38	7.98
	10.0	18.0	0.10	3.06	7.67
	7.3	15.0	0.05	3.76	6.84
	9.5	22.0	0.30	3.98	5.02
	8.4	15.0	0.20	5.02	10.12
	8.4	17.0	0.20	4.42	8.25
	9.5	25.0	0.50	4.44	5.95
	7.2	22.0	1.00	4.70	3.49
	4.0	12.0	0.50	5.71	6.32
	6.7	52.0	0.50	4.80	3.20
	9.0	27.0	0.30	3.69	3.30
	7.8	29.0	1.50	6.72	5.75
	4.5	41.0	0.50	3.33	2.27
	6.2	34.0	0.70	7.56	6.93
	5.6	20.0	0.50	5.07	6.70
	9.0	17.0	0.20	4.39	8.33
	8.4	20.0	0.10	3.74	3.77
	9.5	19.0	0.50	3.72	7.37
	9.0	20.0	0.50	5.97	11.17
	6.2	16.0	0.05	4.23	4.18
	7.3	20.0	0.50	4.39	3.50
	3.6	15.0	0.70	7.00	4.82
	6.2	34.0	0.07	4.84	2.37
	7.3	22.0	0.00	4.13	2.70
	4.1	29.0	0.70	5.78	7.76
	5.4	29.0	0.20	4.64	2.65
	5.0	34.0	0.70	4.21	6.50
	6.2	27.0	0.30	3.97	2.97

출처: Gerrild. P.M., and R.J. Lantz, "Chemical Analysis of 75 Crude Oil Samples from Pliocence Sand Units, ELK Hills Oil Field, California,' U.S. Geological Survey Open-File Report, 1969.

풀이 (R 프로그램)

```
data1=read.table("data0.txt", header=T)
library(MASS)
lda(data1[,c(2,3,4,5,6)], grouping=data1[,1], prior = c(1,1,1)/3)
```

(출력 결과)

```
Call:
lda(data1[, c(2, 3, 4, 5, 6)], grouping = data1[, c(1)], prior = c(1,
```

```
    1, 1)/3)

Prior probabilities of groups:
        A         B         C
0.3333333 0.3333333 0.3333333

Group means:
        X1       X2        X3       X4        X5
A 3.228571 43.57143 0.1171429 6.795714 11.540000
B 4.445455 33.09091 0.1709091 6.560909  5.483636
C 7.226316 22.25263 0.4321053 4.658158  5.767895

Coefficients of linear discriminants:
           LD1         LD2
X1  0.34759258 -0.05436405
X2 -0.06791305  0.02754663
X3  1.98500202  2.42544336
X4 -0.25888517 -1.01764165
X5 -0.27660258  0.35447787

Proportion of trace:  # 각 판별함수에 의하여 설명될 수 있는 변동량의 비
  LD1   LD2
0.833 0.167
```

(출력 결과 설명)

○ 집단수가 3, 독립변수의 수가 5이므로 $\min(3-1,\ 5)=2$가 되어 다음과 같은 2개의 Fisher의 선형판별함수가 출력되었다.

$$y = 0.347X_1 - 0.067X_2 + 1.985X_3 - 0.258X_4 - 0.276X_5$$

$$y = -0.054X_1 + 0.027X_2 + 2.425X_3 - 1.017X_4 + 0.354X_5$$

○ "Proportion of trace"는 각 판별함수에 의하여 설명되어지는 변화량을 나타내며, 여기서는 첫 번째 판별함수에 의하여 전체 변화량의 83.3%, 두 번째 판별함수에 의하여 16.7%가 설명되고 있음을 알 수 있다.

Fisher의 판별함수를 이용할 경우 y에서 μ_{kY}까지의 거리 제곱이 y에서 μ_{iY}(단, $i \neq k$)까지의 거리 제곱보다 적을 경우에 y를 집단 G_k로 분류하는 것이 타당하다. 따라서 집단이 여러 개일 경우의 Fisher의 판별함수를 이용한 분류규칙은 다음과 같이 설정된다.

집단이 여러 개일 경우의 Fisher 분류규칙

r개의 판별함수가 사용되어진다고 할 경우

모든 $i \neq k$에 대하여 $\sum_{j=1}^{r}(y_j - \mu_{kY_j})^2 = \sum_{j=1}^{r}[\boldsymbol{a}'_j(\boldsymbol{x} - \boldsymbol{\mu}_k)]^2 \le \sum_{j=1}^{r}[\boldsymbol{a}'_j(\boldsymbol{x} - \boldsymbol{\mu}_i)]^2$이면

$\boldsymbol{x}$를 집단 G_k로 분류.

일반적으로 $\boldsymbol{\mu}_i$는 알려져 있지 않으므로 추정량 $\overline{\boldsymbol{x}}_i$를 사용하면 표본을 사용할 경우의 Fisher 분류규칙은 다음과 같이 설정된다.

집단이 여러 개일 경우의 Fisher 분류규칙(μ_i, Σ를 모를 때)

모든 $i \neq k$에 대하여 $\sum_{j=1}^{r}(\hat{y}_j - \overline{y}_{kj})^2 = \sum_{j=1}^{r}[\hat{\boldsymbol{a}}_j'(\boldsymbol{x} - \overline{\boldsymbol{x}}_k)]^2 \le \sum_{j=1}^{r}[\hat{\boldsymbol{a}}_j'(\boldsymbol{x} - \overline{\boldsymbol{x}}_i)]^2$이면,

$\boldsymbol{x}$를 집단 G_k로 분류.

예제 1-14

예제 1.13)에서 구해진 Fisher의 판별함수를 사용하여 새로운 관측값 $\boldsymbol{x}_0' = (2.5,\ 50,\ 0.5,\ 7.0,\ 13.2)$을 분류하여라.

풀이 $\boldsymbol{x}_0' = (2.5,\ 50,\ 0.5,\ 7.0,\ 13.2)$를 분류하기 위한 R 프로그램

```
> predict(result,c(2.5,50,0.5,7.0,13.2))
```

(출력 결과)

```
$class
[1] A
Levels: A B C
```

```
$posterior
              A            B            C
[1,] 0.9999873 1.268001e-05 1.378641e-08
$x
          LD1       LD2
[1,] -3.30525 2.207115
```

(출력 결과 설명)

사후확률값 $P(G_A| \boldsymbol{x}_0) = 0.999$가 가장 크므로 관측값 $\boldsymbol{x}_0$를 집단 A로 분류하면 된다.

1-3 가정의 성립여부에 대한 검정

1.3.1 다변량 정규분포의 가정

판별분석에서의 기본적인 가정은 각 집단에서 p개 독립변수들의 확률벡터 $\boldsymbol{X}' = (X_1,\ X_2,\ \cdots,\ X_p)$가 다변량 정규분포를 따르고 있으며, 각 집단의 공분산 행렬이 동일하다는 것이다. 다변량 정규분포 가정의 성립 여부에 대한 점검은 각 독립변수의 분포가 정규분포를 따르는지를 우선적으로 확인하여야 한다. 비록 각 독립변수의 분포가 정규분포를 따른다고 하더라도 이들 독립변수들의 결합분포가 항상 정규분포를 따른다고 말할 수는 없지만 독립변수들 중 어느 한 변수라도 정규분포를 벗어난다면 그 결합분포는 다변량 정규분포를 따를 수가 없게 된다.[11)]

각 독립변수에 대한 정규성을 검정하는 방법으로는 Shapiro-Wilks의 W-검정이나 정규확률지를 이용하는 방법이 있다. W-검정은 일반적으로 표본의 크기가 50보다 작을 때 많이 사용되며(50보다 크고 2,000보다 작을 때는 Royston의 근사법이 바람직함), 정규확률지를 이용할 경우 관측값들이 직선에서 크게 벗어나지 않으면 정규성의 가정은 만족된다고 보면 된다. 정규성을 확인하는 또다른 간단한 방법은 그래프를 이용하는 방법이다. 히스토그램이나 줄기-잎 그림, 또는 상자그림을 그렸을 때 극단점이 나타나지 않고 대칭성에서 크게 벗어나지 않을 경우 정규성의 가정은 만족된다고 보면 된다.

11) 만약 어떤 변수의 분포가 정규분포에서 심하게 벗어난다면 이 변수를 변환하여 정규분포로 근사시킨 후에 분석이 이루어져야 한다.

독립변수 각각이 정규분포를 따른다고 해서 이들의 결합분포가 반드시 다변량 정규분포를 따른다는 것을 의미하지 않지만 다변량 정규분포를 만족하게 되면 각각의 독립변수는 자동적으로 정규분포를 따르게 되어 있다. 따라서 각 독립변수들의 정규성에 대한 검토없이 바로 다변량 정규분포의 성립여부에 대한 검토가 이루어지기도 하는데 여기서는 Mardia(1970, 1980)에 의해서 제안된 왜도와 첨도를 이용하는 방법에 대해서만 설명하기로 한다.[12)]

왜도는 분포의 대칭성 여부를 측정하는 척도이며, 첨도는 분포의 뾰족성 여부를 측정하는 척도이다. 다변량 자료분석에서 확률벡터 $\boldsymbol{X}' = (X_1,\ X_2,\ \cdots,\ X_p)$가 평균이 $\boldsymbol{\mu}$, 공분산행렬이 $\boldsymbol{\Sigma}$인 분포를 따를 때 왜도와 첨도는 각각 다음과 같이 정의된다.

$$\beta_1 = E\,[(\boldsymbol{X}-\boldsymbol{\mu})'\boldsymbol{\Sigma}^{-1}(\boldsymbol{X}-\boldsymbol{\mu})]^3$$

$$\beta_2 = E\,[(\boldsymbol{X}-\boldsymbol{\mu})'\boldsymbol{\Sigma}^{-1}(\boldsymbol{X}-\boldsymbol{\mu})]^2$$

확률벡터 $\boldsymbol{X}$가 다변량 정규분포 $N(\boldsymbol{\mu},\ \Sigma)$를 따를 경우 $\beta_1 = 0,\ \beta_2 = p(p+2)$가 된다. Σ의 최우추정량을 $\boldsymbol{S} = \frac{1}{n}\sum(\boldsymbol{X}_i - \overline{\boldsymbol{X}})(\boldsymbol{X}_i - \overline{\boldsymbol{X}})'$이라 할 때 왜도 β_1의 추정량은 다음과 같으며,

$$\hat{\beta}_1 = \frac{1}{n^2}\sum_{i=1}^{n}\sum_{j=1}^{n}[(\boldsymbol{X}_i - \overline{\boldsymbol{X}})'\boldsymbol{S}^{-1}(\boldsymbol{X}_j - \overline{\boldsymbol{X}})]^3$$

표본의 크기가 클 경우 통계량 $X^2 = n\hat{\beta}_1/6$는 근사적으로 자유도 $v = p(p+1)(p+2)/6$인 카이제곱분포를 따른다. 반면에 첨도 β_2의 추정량은 다음과 같으며,

$$\hat{\beta}_2 = \frac{1}{n}\sum_{i=1}^{n}[(\boldsymbol{X}_i - \overline{\boldsymbol{X}})'\boldsymbol{S}^{-1}(\boldsymbol{X}_i - \overline{\boldsymbol{X}})]^2$$

표본의 크기가 클 경우 $\hat{\beta}_2$은 근사적으로 평균이 $p(p+2)$, 분산이 $8p(p+2)/n$인 정규분포를 따른다(Mardia, 1970).[13)]

---

12) Romeu와 Ozturk(1993)는 Mardia에 의해서 제안된 왜도와 첨도를 이용하는 방법이 가장 안정적이고 신뢰할 수 있는 방법이라는 연구 결과를 발표하였다.

13) Mardis의 검정에서 정규성의 기각은 극단값이 존재하거나 또는 다변량정규분포로부터 크게 벗어나고 있음을 나타낸다.

예제 1-15

왜도값을 출력하기 위한 사용자 함수 skew.f와 가설 $H_0 : \beta_1 = 0$를 검정하기 위한 사용자 함수 normal.skew를 만든 후, 이를 이용하여 예제 1.6)의 알래스카 집단에서 가설 $H_0 : \beta_1 = 0$를 유의수준 $\alpha = 0.05$에서 검정하여라.

풀이 왜도값을 출력하기 위한 사용자 함수 만들기

```
> skew.f=function(x){
x=as.matrix(x)
n=nrow(x)
xbar=cov.wt(x)$center; s=cov.wt(x,method="ML")$cov
inv.s=solve(s)
skew=0
for(i in 1:n)
for(j in 1:n)
skew=skew+(t(x[i,]-xbar)%*%inv.s%*%(x[j,]-xbar))^3
skew/n^2
}
```

\# 가설 $H_0 : \beta_1 = 0$를 검정하기 위한 사용자 함수 만들기

```
> normal.skew=function(x){
n=nrow(x); p=ncol(x)
v=(p*(p+1)*(p+2))/6
b1=skew.f(x)
p.value=1-pchisq((n*b1)/6,v)
list(df=v,b1=b1, p.value=p.value)
}
> normal.skew(alska)
```

(출력 결과)

```
$df
[1] 4
$b1
          [,1]
[1,] 0.8553554
$p.value
          [,1]
[1,] 0.1702148
```

(출력 결과 설명)

$P-$값은 0.1702로 유의수준 $\alpha=0.05$보다 크므로 귀무가설 H_0는 채택된다.

예제 1-16

첨도값을 출력하기 위한 사용자 함수 kurtosis.f와 가설 $H_0:\beta_2=p(p+2)$를 검정하기 위한 사용자 함수 normal.kurtosis를 만든 후, 이를 이용하여 예제 1.6)의 알래스카 집단에서 가설 $H_0:\beta_2=p(p+2)$를 유의수준 $\alpha=0.05$에서 검정하여라.

풀이 첨도값을 출력하기 위한 사용자 함수

```
> kurtosis.f=function(x){
x=as.matrix(x)
n=nrow(x)
xbar=cov.wt(x)$center; s=cov.wt(x,method="ML")$cov
inv.s=solve(s)
kurtosis=0
for(i in 1:n){
kurtosis=kurtosis+(t(x[i,]-xbar)%*%inv.s%*%(x[i,]-xbar))^2
}
kurtosis/n
}
```

가설 $H_0:\beta_2=p(p+2)$를 검정하기 위한 사용자 함수

```
> normal.kurtosis=function(x){
n=nrow(x); p=ncol(x)
mean=p*(p+2);std=sqrt(8*p*(p+2)/n)
b2=kurtosis.f(x); z=abs((b2-mean)/sqrt(std))
p.value=2*(1-pnorm(z))
list(b2=b2,p.value=p.value)
}
> normal.kurtosis(alska)
```

(출력 결과)

```
$b2
         [,1]
[1,] 7.462927
$p.value
         [,1]
[1,] 0.6228587
```

(출력 결과 설명)

$P-$값은 0.6228로 유의수준 $\alpha=0.05$보다 크므로 귀무가설 H_0는 채택된다.

1.3.2 공분산 행렬의 동일성에 대한 가정

집단간의 분산이 서로 다를 경우 집단을 구분하는 판별함수가 관측대상을 잘못 분류할 가능성이 커지게 된다. 예를 들어 A대학에서 졸업자들을 성공집단과 실패집단을 구분하기 위하여 판별분석을 실시한다고 하자. 이때 실패집단에 비하여 상대적으로 성공집단의 분산이 크다고 할 때 많은 대상들이 성공집단으로 잘못 분류될 가능성이 커지게 된다. 이러한 경우 판별분석 결과를 신뢰할 수 없게 되며, 특히 개별 대상에 대한 분류가 주목적인 경우에는 이러한 등분산성의 가정은 더욱 중요하다고 할 수 있다.

모집단이 g개 있을 때 집단간 공분산 행렬의 동일성 여부를 검정하기 위한 귀무 및 대립가설은 각각 다음과 같이 설정된다.

$$H_0:\ \Sigma_1=\Sigma_2=\cdots=\Sigma_g=\Sigma$$

H_1: 적어도 두 공분산 행렬은 같지 않다

위의 가설에 대한 검정을 위해서 일반적으로 Box의 M−검정법이 많이 사용된다. Box의 M−검정법은 다음과 같은 M 통계량을 검정통계량으로 사용하며

$$M=\sum_{i=1}^{g}(n_i-1)\ln|S_{pooled}|-\sum_{i=1}^{g}(n_i-1)\ln|S_i|$$

통계량 M을 상수배한 MC는 근사적으로 자유도가 $(g-1)p(p+1)/2$인 카이제곱분포를 따르는 것으로 알려져 있다. 여기서

$$C=1-\frac{2p^2+3p-1}{6(p+1)(g-1)}\left(\sum_{i=1}^{g}\frac{1}{(n_i-1)}-\frac{1}{\sum(n_i-1)}\right)$$

이고, 공통인 공분산 행렬 Σ의 합동추정량은 다음과 같이 계산된다.

$$S_{pooled} = \frac{1}{\sum_i (n_i - 1)} \{(n_1 - 1)S_1 + (n_2 - 1)S_2 + \cdots + (n_g - 1)S_g\}$$

귀무가설 H_0가 참일 경우 각 집단의 표본 공분산 행렬 S_i는 서로 비슷할 것이므로 결과적으로 합동공분산 행렬 S_{pooled}과는 커다란 차이가 없을 것이다. 따라서 이때에는 통계량 M의 값은 작게 될 것이고, 반대로 귀무가설 H_0가 거짓일 경우 표본공분산행렬은 서로 크게 차이가 있게 될 것이므로 통계량 M의 값은 상대적으로 크게 될 것이다.[14)]

공분산 행렬의 동일성에 대한 Box의 검정

- 가설: $H_0 : \Sigma_1 = \Sigma_2 = \cdots = \Sigma_g = \Sigma$

  H_1 : 적어도 두 공분산 행렬은 같지 않다

- 검정통계량: $M = \sum_{i=1}^{g} (n_i - 1) \ln |S_{pooled}| - \sum_{i=1}^{g} (n_i - 1) \ln |S_i|$

- 통계량 MC의 계산된 값을 mc라고 할 때 유의수준 α에서 $mc > \chi_v^2(\alpha)$이면 귀무가설 H_0를 기각, 그렇지 않으면 귀무가설 H_0를 채택. ($P-$값을 이용할 경우 $P-$값$=P(MC \geq mc) < \alpha$이면 H_0를 기각, 그렇지 않으면 H_0를 채택)

예제 1-17

Box의 M검정을 위한 사용자 함수를 만든 후, 이를 이용하여 예제 1.6)에서 두 집단의 공분산행렬이 동일한지에 대한 검정을 유의수준 $\alpha = 0.05$에서 실시하여라.

풀이 <사용자 함수 만들기: 두 집단일 경우>

```
# box의 M검정
> g1.data=total.data[c(1:45), c(2,3)]
> g2.data=total.data[c(46:90), c(2,3)]
```

14) Box의 M-검정법은 다변량 정규분포의 가정에 매우 민감하다. 따라서 귀무가설 H_0이 기각될 경우 정규성에 대한 가정도 만족되지 않을 가능성이 높으므로 이러한 경우에는 각 독립변수에 대한 정규성을 먼저 점검한 후 필요 시 변수변환을 통하여 정규분포로 근사시킨 뒤 다시 Box의 M-검정법을 실시하는 것이 바람직하다.

```
> variance.test=function(x1,x2){
n1=nrow(x1);n2=nrow(x2);p=ncol(x1);g=2
s1=var(x1);s2=var(x2)
spool=((n1-1)*s1+(n2-1)*s2)/(n1+n2-2)
m=(n1+n2-2)*log(det(spool))-(n1-1)*log(det(s1))-(n2-1)*log(det(s2))
u=((2*p^2+3*p-1)/(6*(p+1)*(g-1)))*(1/(n1-1)+1/(n2-1)-1/(n1+n2-2))
chi=(1-u)*m
df=p*(p+1)/2
pvalue=1-pchisq(chi, df)
list(s1=s1,s2=s2,spool=spool,m=m,chi=chi,df=df, pvalue=pvalue)
}
variance.test(g1.data, g2.data)
```

(출력 결과)

```
$s1
          x1         x2
x1  285.3364  -192.7591
x2 -192.7591  1329.8455
$s2
         x1       x2
x1 326.3364 129.8015
x2 129.8015 927.3707
$spool
          x1          x2
x1 305.83636   -31.47879
x2 -31.47879  1128.60808
$m
[1] 8.421461
$chi
[1] 8.214114
$df
[1] 3
$pvalue
[1] 0.04178779
```

(출력 결과 설명)

$P-$값$=0.0417<0.05$이므로 유의수준 $\alpha=0.05$에서 두 집단의 공분산행렬은 동일하다고 할 수 없다.

예제 1-18

Box의 M검정을 위한 사용자 함수를 만든 후, 이를 이용하여 예제 1.13)에서 세 집단의 공분산행렬이 동일한지에 대한 검정을 유의수준 $\alpha=0.05$에서 실시하여라.

풀이 (1) 사용자 함수 만들기 : 여러 집단일 경우

```
var.mtest=function(X, Group, N.group){
  x=X; y=Group; n.g=N.group; n=nrow(x); p=ncol(x)
  s.squared=0; ln.s=0; N=c();
  for(k in 1:n.g){
     repetition=which(y==k); N[k]=length(irepetition)
     S=cov(x[repetition,]);
     s.squared=s.squared+(N[k]-1)*S
     ln.s=ln.s+(N[k]-1)*log(det(S))
     }
  S.p=s.squared/(n-n.g)
  m=(n-n.g)*log(det(S.p))-ln.s
  u=(((2*p^2)+3*p-1)/(6*(p+1)*(n.g-1)))*(sum(1/(N-1))-(1/(n-n.g)))
  chi=(1-u)*m
  df=(n.g-1)*p*(p+1)/2
  pvalue=1-pchisq(chi,df)
  result=list(S.pool=S.p, M=m, chi=chi, df=df, pvalue=pvalue)
  return(result)
  }
```

(R 프로그램 설명)

○ 3개의 집단(A, B, C) 각각에 대한 공분산을 계산하기 위하여 반복문 for가 사용되었다. for문의 사용 형식은

for(index in 반복조건){
  반복조건에 속하는 값을 index가 가질 동안 그 횟수만큼 반복 실행
}

여기서 index로는 k를 사용하였고, k의 값이 1~3을 가질 경우 { … }안의 명령문이 반복 실행된다.

○ which문은 조건(y==k)을 만족하는 개체를 나타내기 위하여 사용되었다.

(2) 공분산 행렬의 동일성 검정

(R 프로그램)

```
> data1=read.table("data0.txt", header=T)
> group=c(rep(1, sum(data1[,1]=="A")), rep(2, sum(data1[,1]=="B")),
  rep(3, sum(data1[,1]=="C")))
> var.mtest(X=data1[,-1], Group=group, N.group=3)
```

(R 프로그램 설명)

○ 집단을 구분하는 A, B, C를 숫자 1, 2, 3,으로 바꾸기 위하여 rep 문장을 사용하였으며, 이때 sum(data1[,1]=="A")은 반복해야할 1의 개수를 계산해 준다.

(출력 결과)

```
$S.pool
           X1         X2           X3         X4           X5
X1  3.5391555 -0.6568372 -0.129207328 -0.3987501  1.503250700
X2 -0.6568372 79.6444927  0.379477527  1.5796588 -5.424743884
X3 -0.1292073  0.3794775  0.083691799  0.1629746 -0.007388074
X4 -0.3987501  1.5796588  0.162974577  1.0762346  0.626698420
X5  1.5032507 -5.4247439 -0.007388074  0.6266984  6.377790304
$M
[1] 65.00741
$chi
[1] 49.12678
$df
[1] 30
$pvalue
[1] 0.01525662
```

(R 프로그램 설명)

○ 문자 A, B, C로 되어 있는 그룹 이름을 숫자 1, 2, 3으로 바꾸기 위하여 rep(1, sum(data1[,1]=="A"), rep(2, sum(data1[,1]=="B")), rep(3, sum(data1[,1]=="C")를 사용하였다.

(출력 결과 설명)

○ $P-$값$=0.0152 < 0.05$이므로 세 집단의 공분산행렬이 동일하다는 귀무가설은 기각된다.

연습문제

1. 자료행렬이 다음과 같을 때

$$\boldsymbol{X}_1 = \begin{bmatrix} 3 & 7 \\ 2 & 4 \\ 4 & 7 \end{bmatrix}, \quad \boldsymbol{X}_2 = \begin{bmatrix} 6 & 9 \\ 5 & 7 \\ 4 & 8 \end{bmatrix}$$

(1) 평균 $\overline{\boldsymbol{x}}_1$과 $\overline{\boldsymbol{x}}_2$, 그리고 합동 공분산행렬 $\boldsymbol{S}_{pooled}$를 각각 구하여라.

(2) Fisher의 선형판별함수를 구하여라.

(3) 관측값 $\boldsymbol{x}_0' = [2 \;\; 7]$을 두 집단 G_1과 G_2 중 어느 집단으로 분류해야 할 지를 결정하여라.

2. 다음 자료는 어떤 두 집단에 대한 X_1과 X_2를 측정한 결과이다.

집단	X_1	X_2	집단	X_1	X_2	집단	X_1	X_2
1	−0.0056	−0.1657	1	0.0291	0.0442	2	−0.2447	−0.0407
1	−0.1698	−0.1585	1	−0.2228	−0.1710	2	−0.4232	−0.0998
1	−0.3469	−0.1879	1	−0.0997	−0.0733	2	−0.2375	0.2876
1	−0.0894	0.0064	1	−0.1972	−0.0607	2	−0.2205	0.0046
1	−0.1679	0.0713	1	−0.0867	−0.0560	2	−0.2154	−0.0219
1	−0.0836	0.0106	2	−0.3478	0.1151	2	−0.3447	0.0097
1	−0.1979	−0.0005	2	−0.3618	−0.2008	2	−0.2540	−0.0573
1	−0.0762	0.0392	2	−0.4986	−0.0860	2	−0.3778	−0.2682
1	−0.1913	−0.2123	2	−0.5015	−0.2984	2	−0.4046	−0.1162
1	−0.1092	−0.1190	2	−0.1326	0.0097	2	−0.0639	0.1569
1	−0.5268	−0.4773	2	−0.6911	−0.3390	2	−0.3351	−0.1368
1	−0.0842	0.0248	2	−0.3608	0.1237	2	−0.0149	0.1539
1	−0.0225	−0.0580	2	−0.4535	−0.1682	2	−0.0312	0.1400
1	0.0084	0.0782	2	−0.3479	−0.1721	2	−0.1740	−0.0776
1	−0.1827	−0.1138	2	−0.3539	0.0722	2	−0.1416	0.1642
1	0.1237	0.2140	2	−0.4719	−0.1079	2	−0.1508	0.1137
1	−0.4702	−0.3099	2	−0.3610	−0.0399	2	−0.0964	0.0531
1	−0.1519	−0.0686	2	−0.3226	0.1670	2	−0.2642	0.0867
1	0.0006	−0.1153	2	−0.4319	−0.0687	2	−0.0234	0.0804
1	−0.2015	−0.0498	2	−0.2734	−0.0020	2	−0.3352	0.0875
1	−0.1932	−0.2293	2	−0.5573	0.0548	2	−0.1878	0.2510
1	0.1507	0.0933	2	−0.3755	−0.1865	2	−0.1744	0.1892
1	−0.1259	−0.0669	2	−0.4950	−0.0153	2	−0.4055	−0.2418
1	−0.1551	−0.1232	2	−0.5107	−0.2483	2	−0.2444	0.1614
1	−0.1952	−0.1007	2	−0.1652	0.2132	2	−0.4784	0.0282

출처: Habbema, J.D.F., J. Hermans, and K. Van Den Broek. "A Stepwise Discriminant Analysis Program Using Density Estimation." In Compstat 1974, Proc. Computational Statistics, pp. 101-110. Vienna: Physica, 1974.

(1) 다변량 정규분포의 가정이 성립하는지를 검토하여라.

(2) 공분산행렬의 동일성에 대한 가정이 성립하는지를 검토하여라.

(3) 선형판별함수를 구하고(단, 사전확률은 동일하다고 가정한다), 교차타당법에 의한 오류율(error rate)을 추정하여라.

(4) 다음 10개의 관측값들을 (2)에서 구한 판별함수를 사용하여 분류하여라.

관측값	X_1	X_2
1	−0.112	−0.279
2	−0.059	−0.068
3	0.064	0.012
4	−0.043	−0.052
5	−0.050	−0.098
6	−0.094	−0.113
7	−0.123	−0.143
8	−0.011	−0.037
9	−0.210	−0.090
10	−0.126	−0.019

3. 다음 자료는 특수한 형태의 뱀에 대한 성별, 나이, 꼬리 길이(mm), 입부터 배까지의 길이(mm)를 조사한 결과이다.

성별	나이	꼬리길이	입-배길이	성별	나이	꼬리길이	입-배길이
Female	2	127	441	Female	4	206	573
Female	2	171	455	Female	4	165	531
Female	2	171	462	Female	4	189	528
Female	2	164	446	Female	4	195	536
Female	2	165	463	Male	2	126	457
Female	2	127	393	Male	2	128	466
Female	2	162	451	Male	2	151	466
Female	2	133	376	Male	2	115	361
Female	2	173	475	Male	2	138	473
Female	2	145	398	Male	2	145	477
Female	2	154	435	Male	3	145	507
Female	3	165	491	Male	3	145	493
Female	3	178	485	Male	3	158	558
Female	3	169	477	Male	3	152	495
Female	3	186	530	Male	3	159	521
Female	3	170	478	Male	3	138	487
Female	3	182	511	Male	3	166	565
Female	3	172	475	Male	3	168	585
Female	3	182	487	Male	3	160	550
Female	3	172	454	Male	4	181	652
Female	3	183	502	Male	4	185	587

Female	3	170	483	Male	4	172	606
Female	3	171	477	Male	4	180	591
Female	3	181	493	Male	4	205	683
Female	3	167	490	Male	4	175	625
Female	3	175	493	Male	4	182	612
Female	3	139	477	Male	4	185	618
Female	3	183	501	Male	4	181	613
Female	4	198	537	Male	4	167	600
Female	4	190	566	Male	4	167	602
Female	4	192	569	Male	4	160	596
Female	4	211	574	Male	4	165	611
Female	4	206	570	Male	4	173	603

출처: Data courtesy of Raymond J. Carroll.

(1) 꼬리 길이를 x축, 입부터 배까지의 길이를 y축으로 한 산점도를 그려라. 이때 암컷과 수컷으로 구분될 수 있도록 표현하여 성별간에 차이가 있는지를 조사하여라. 또한 나이(2, 3, 4)에 따른 구분이 될 수 있도록 표현한 후, 산점도상에서 나이에 따른 구분이 가능한지를 살펴보아라.

(2) 공통인 공분산행렬을 갖는 다변량 정규분포에 대한 가정이 성립한다고 하자. 그리고 비용과 사전확률이 동일하다고 할 때 성별에 따라 뱀을 분류하여라.

Chapter **2**

로지스틱 회귀분석

제2장 로지스틱 회귀분석

로지스틱 회귀분석(logistic regression)은 종속변수가 "성공 또는 실패", "흡연 또는 비흡연", "생존 또는 사망" 등과 같이 두 가지 범주로 되어있을 때 종속변수와 독립변수 간의 관계식을 이용하여 두 집단을 분류하고자 할 경우에 사용되는 통계적 분석기법이라고 할 수 있다. 반면에 판별분석은 종속변수가 둘 또는 그 이상의 집단으로 이루어져 있을 경우에 적합한 분석기법이라는 것을 제1장에서 배웠다. 하지만 종속변수가 단지 두 개의 집단으로만 이루어져 있을 경우 판별분석보다는 로지스틱 회귀분석이 일반적으로 더 선호되고 있다. 왜냐 하면 판별분석에서는 독립변수들이 정규분포를 따르며 집단간 분산-공분산이 동일하다는 것을 가정하고 있는 반면에, 로지스틱 회귀분석에서는 독립변수에 대해서 어떠한 가정도 필요로 하고 있지 않기 때문이다. 뿐만 아니라 판별분석에서는 독립변수가 모두 연속형일 경우에 사용이 가능하지만 로지스틱 회귀분석은 독립변수가 연속형뿐만 아니라 이산형일 경우에도 사용할 수 있다는 장점을 가지고 있다.

2-1 이항자료를 단순선형회귀모형에 적합시켰을 때 발생되는 문제점

단순선형회귀는 종속변수가 연속형인 경우 한 개의 독립변수에 의하여 종속변수가 어떻게 설명되고 예측되는지를 알아보기 위하여 두 변수의 관련성을 하나의 직선모형으로 가정하여 분석하는 통계적 기법이다. 하지만 종속변수가 연속형이 아니라 "성공 또는 실패"와 같이 두 가지 유형만을 나타내는 이항변수일 경우 단순선형회귀의 적용은 바람직하지 않다. 그렇다면 이항자료에 단순선형회귀모형을 사용할 경우 어떠한 문제가 발생될까? 이 절에서는 그러한 문제점들에 대하여 알아보도록 할 것이다.

단순선형회귀에서는 독립변수(X)와 종속변수(Y)간의 관계를 식 (2.1)과 같은 선형모형으로 가정하게 되며, 이때 독립변수 X와 종속변수 Y는 모두 연속형 변수가 된다.

$$Y_i = \beta_0 + \beta_1 x_i + \epsilon_i, \quad i = 1,\ 2,\ \cdots,\ n \tag{2.1}$$

식 (2.1)의 회귀모형은 두 부분 즉, $X = x_i$에서 관측값들의 기대값 $E(Y_i)$인 $\beta_0 + \beta_1 x_i$와 관심 이외의 여러 요인에 의하여 발생되는 오차 ϵ_i로 구분된다. 여기서 기대값 $E(Y_i)$는 독립변수 X의 일차식으로 가정되고 있으며(선형성), 오차 ϵ_i는 평균 0을 중심으로 분산 σ_ϵ^2인 정규분포를 따르는 것으로 가정하고 있다(정규성). 그리고 분산 σ_ϵ^2은 <그림 2.1>에서 보는 바와 같이 x_i의 값에 관계없이 항상 일정하며(등분산성), 오차 ϵ_i, $\epsilon_j (i \neq j)$는 서로 독립적으로 발생된다고 가정한다(독립성).

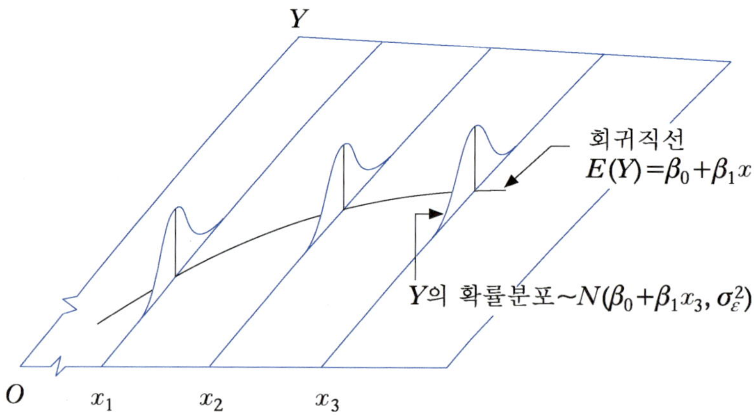

〈그림 2.1〉 단순선형회귀모형

예를 들어 성공이면 1, 실패이면 0이고 성공률이 $P(Y_i = 1) = p_i$인 이항 종속변수 Y_i에 단순선형회귀를 적용할 경우 회귀모형은 다음과 같게 된다.

$$Y_i = \beta_0 + \beta_1 x_i + \epsilon_i \quad Y_i = 0,\ 1; \quad i = 1,\ \cdots,\ n$$

이때 $X = x_i$에서의 기대값을 계산하면

$$\begin{aligned} E(Y_i) &= 0 \times (1 - p_i) + 1 \times p_i \\ &= p_i \\ &= \beta_0 + \beta_1 x_i \end{aligned}$$

관계가 성립하게 되고, 여기서 우리는 Y_i가 두 가지 가능한 결과를 가지는 이항 종속변수일 경우 Y_i의 기대값은 독립변수 X가 수준 x_i인 점에서의 확률을 나타내게 된다는 사실을 알 수 있다.

이항자료에 단순선형회귀모형을 적합시킬 경우 발생되는 첫 번째 문제점은 단순선형회귀에서의 기대값은 임의의 실수 즉, $-\infty$에서 ∞ 사이의 값이 되지만 이항자료에 단순선형회귀모형을 적합시킬 경우의 기대값은 항상 0과 1 사이의 값이 된다는 것이다.

이항자료에 단순선형회귀모형을 적합시킬 경우 발생되는 또다른 문제점은 기존의 선형회귀에서 가정하는 정규성 즉, 오차항이 정규분포를 따른다는 가정이 만족되지 않는다는 것이다. Y_i가 이항 종속변수일 경우 오차 $\epsilon_i = Y_i - (\beta_0 + \beta_1 x_i)$는 두 가지 값 즉,

$$Y_i = 1\text{일 경우:} \quad \epsilon_i = 1 - (\beta_0 + \beta_1 x_i)$$

$$Y_i = 0\text{일 경우:} \quad \epsilon_i = -\beta_0 - \beta_1 x_i$$

를 가지게 되어 오차 ϵ_i는 정규분포를 따르지 않게 된다.

마지막으로 발생되는 문제점은 등분산성의 가정과 관련되어 있다. 즉, 이항 종속변수 Y_i의 분산을 계산해 보면

$$\begin{aligned}\sigma^2_{Y_i} &= E\{[Y_i - E(Y_i)]^2\} = p_i(1-p_i) \\ &= (\beta_0 + \beta_1 x_i)(1 - \beta_0 - \beta_1 x_i) \qquad (2.2)\end{aligned}$$

가 되고, 식 (2.2)로부터 분산 $\sigma^2_{Y_i}$은 독립변수 x_i의 값에 관계없이 일정한 것이 아니라 x_i의 값에 따라 변하게 된다는 사실을 알 수 있다. 종속변수 Y_i의 분산 $\sigma^2_{Y_i}$은 오차들의 분산 $\sigma^2_{\epsilon_i}$과 같다. 따라서 오차 분산 $\sigma^2_{\epsilon_i}$는 결과적으로 x_i의 값에 따라 변하게 되어 모든 독립변수 x_i에서 분산이 동일하다는 가정이 성립하지 않게 된다. 이상에서 살펴본 이러한 문제점들은 이항자료에 단순선형회귀모형을 적합시키는 것이 바람직하지 못하다는 사실을 이야기해 주고 있는 것이다.

예제 2-1

자동차 학원에서의 교육시간 X(단위 : 일)와 자동차 운전면허시험 합격여부 Y(합격=1, 불합격=0)간의 관계를 조사하기 위한 연구에서 <표 2.1>과 같은 자료를 얻었다. 단, 자료는 exam1.txt라는 이름으로 저장되어 있다고 가정한다.

(1) 주어진 자료에 단순선형회귀모형을 적합시켰을 경우의 회귀식을 추정하여라.

(2) 추정된 회귀식으로부터 $x = 1, 5, 10, 15, 20, 25, 30, 35, 40$에서의 예측값을 각각 구하여라.

(3) 잔차도를 작성하여라.

(4) (1)~(3)의 결과로부터 단순선형회귀모형이 이항자료에 부적합한 모형임을 설명하여라.

〈표 2.1〉 교육시간과 운전면허시험 합격 여부에 관한 자료

X	Y	X	Y	X	Y
14	0	6	0	24	0
29	0	30	1	13	1
6	0	11	0	19	0
25	1	30	1	4	0
18	1	5	0	28	1
4	0	20	1	22	1
18	0	13	0	8	1
12	0	9	0		
22	1	32	1		

풀이 (1) 단순선형회귀식의 추정

(R 프로그램)

```
> drive=read.table("exam1.txt", header=T)
> attach(drive)
> regression.fit=lm(y~x)
> summary(regression.fit)
> plot(x, y, xlab="교육시간", ylab="합격여부", main="교육시간 vs. 합격여부")
> abline(regression.fit)
```

(R 프로그램 설명)

- read.table 함수를 이용하여 파일 "exam1.txt"에 저장되어 있는 자료를 drive라는 이름의 데이터 프레임으로 읽어 들인다. 이때 파일은 R 프로그램이 실행중인 폴더에 있어야 한다.[1] read.table 함수에서 첫 번째 인자는 파일명을, 두 번째 인자는 첫 행을 변수명으로 읽어 들일지 자료값으로 읽어 들일지를 지정하기 위한 것으로, 변수명일 경우에는 header=T, 자료값일 경우에는 header=F라고 입력한다.
- 데이터 프레임 drive에 포함되어 있는 변수를 R 프로그램에 직접 사용하기 위해서는 "데이터 프레임명$변수명" 또는 "데이터 프레임명[, 열 번호]"형식

1) 디렉토리 변경 요령: "메뉴 표시줄"과 "디렉토리 변경"을 차례로 선택한 후 현재 사용중인 폴더를 지정해주면 된다.

을 사용하는데 여기서 열 번호는 데이터 프레임속에서 해당 변수가 있는 열의 위치를 나타낸다. 예를 들어 변수 X를 사용하기 위해서는 "drive$x" 또는 "drive[,1]"이라고 하면 된다. 그러나 이 방식보다 더 편리한 것이 attach 함수를 사용하는 것이다. attach 함수의 사용 형식은 "attach(데이터 프레임명)"이다. 여기서는 "attach(drive)"라고 입력하면 된다.

- 단순선형회귀분석을 위해서 R에서 제공되는 함수는 lm이다. lm 함수의 사용 형식은 lm(종속변수명 ~ 독립변수명)이다. 독립변수가 둘 이상일 경우에는 +를 사용하여 결합하면 된다.
- summary 함수는 회귀분석 결과를 출력하고자 할 경우에 사용된다. 사용 형식은 summary(lm 함수명)이다.
- plot 함수는 산점도를 작성하기 위하여 사용되었으며, 그 사용 형식은 plot(x축 변수명, y축 변수명, xlab="x축 이름", ylab="y축 이름", main="주 제목명")이다.
- abline 함수는 산점도 상에 추정된 회귀직선을 그리고자 할 경우에 사용된다. abline(regression.fit)은 회귀분석 결과가 저장되어 있는 regression.fit에서 자동적으로 절편과 기울기를 찾아 회귀직선을 그려준다.

(출력 결과)

```
Call:
lm(formula = y ~ x)
Residuals:
     Min       1Q   Median       3Q      Max
-0.82212 -0.28614 -0.03392  0.30399  0.83997
Coefficients:
             Estimate Std. Error t value Pr(>|t|)
(Intercept) -0.092197   0.183272  -0.503  0.61971
x            0.031528   0.009606   3.282  0.00327 **
-----
Signif. codes:  0 '***' 0.001 '**' 0.01 '*' 0.05 '.' 0.1 ' ' 1
Residual standard error: 0.4271 on 23 degrees of freedom
Multiple R-squared: 0.319,      Adjusted R-squared: 0.2894
F-statistic: 10.77 on 1 and 23 DF,  p-value: 0.003268
```

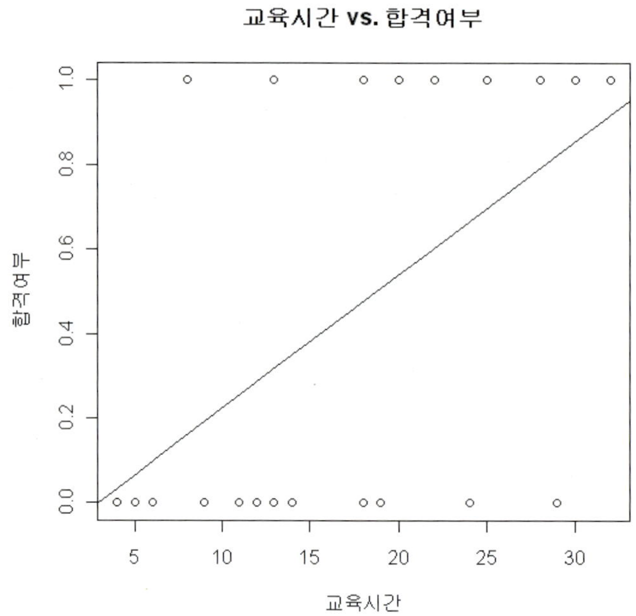

〈그림 2.2〉 적합된 회귀식

(2) 예측값의 계산

(R 프로그램)

```
> new.x=c(1,5,10,15,20,25,30,35,40)
> hatp=-0.092197+0.031528*new.x
> hatp
[1] -0.060669  0.065443  0.223083  0.380723  0.538363  0.696003  0.853643
[8]  1.011283  1.168923
```

(3) 잔차도의 작성

(R 프로그램)

```
> resid=residuals(regression.fit)
> plot(x, resid, xlab="교육시간", ylab="잔차", main="잔차도")
```

(R 프로그램 설명)

○ 잔차값들을 출력하기 위해서 residuals 함수를, 출력된 잔차값을 이용하여 잔차도를 그리기 위해서 plot 함수가 사용되었다.

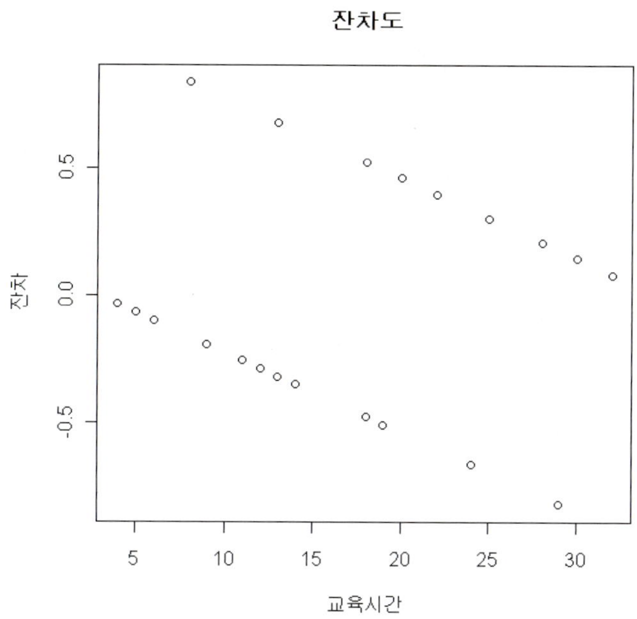

〈그림 2.3〉 잔차도

(4) 출력결과에 대한 설명

추정된 직선회귀식은

$$\hat{p_i} = -0.0921 + 0.0315 \times x_i$$

이며, 이때의 예측값 $\hat{p_i}$는 주어진 시간 x_i에서 합격할 확률을 나타낸다. 예를 들어 10시간 교육을 받았을 경우 합격할 확률은 0.223, 20시간 교육을 받았을 경우에는 0.538, 30시간일 경우에는 0.8536으로 합격률이 높아지게 된다고 할 수 있다. 그러나 추정된 회귀식은 불합리한 값도 예측해 주고 있다. 즉, 교육시간이 1시간일 때 합격률은 -0.060으로 음수가 되며, 교육시간이 35시간 이상일 경우에는 1보다 큰 확률값을 예측해 주게 된다. 이러한 사실은 단순선형회귀모형을 이항자료에 적합시키는 것이 바람직하지 않다는 것을 이야기해 주고 있는 것이다. 또한 단순선형회귀모형이 이항자료에 적합하지 않다는 것은 <그림 2.3>에 주어진 잔차도로부터 확인할 수 있다. 즉, 잔차값들이 무작위로 나타나는 것이 아니라 두 개의 사선으로 나타나고 있어 오차항이 서로 독립이라는 가정에 위배되고 있음을 알 수 있다.

2-2 로지스틱 회귀모형

종속변수가 두 가지 범주를 나타내는 이항변수일 경우 기대값 $E(Y_i)$는 확률 p_i를 의미하므로 0과 1 사이의 값이 되어어야만 한다. 따라서 종속변수가 이항변수일 경우에는 기대값 $E(Y_i)$를 $-\infty$에서 ∞ 사이의 값을 가지는 직선모형 $\beta_0+\beta_1 x_i$로 가정하기보다는 0과 1 사이의 값을 가지는 곡선형태의 모형으로 가정하는 것이 보다 바람직하다고 할 수 있다. 그러한 곡선모형중의 하나가 바로 식 (2.3)과 같은 로지스틱 모형(logistic model)이며, 이러한 로지스틱모형을 주어진 자료에 적합시키는 분석을 로지스틱 회귀분석(logistic regression analysis)이라 한다.

$$\text{로지스틱 모형: } E(Y_i)=p_i=\frac{\exp(\beta_0+\beta_1 x_i)}{1+\exp(\beta_0+\beta_1 x_i)} \qquad (2.3)$$

로지스틱 모형은 $\beta_1>0$일 경우 독립변수 X의 값이 작아질수록 예측값은 0에 가까워지고, X의 값이 증가함에 따라 예측값은 S자 형태의 모양으로 증가하면서 점점 1로 접근하는 모형으로서 모든 예측값을 0과 1 사이의 값으로 한정시켜준다. 이때 모형속에 포함된 회귀계수 β_1의 부호는 곡선의 방향을 결정해준다. 즉 <그림 2.4>에서 보는 바와 같이 $\beta_1>0$일 경우에는 증가함수 형태를, $\beta_1<0$일 경우에는 감소함수 형태를 띠게 된다.

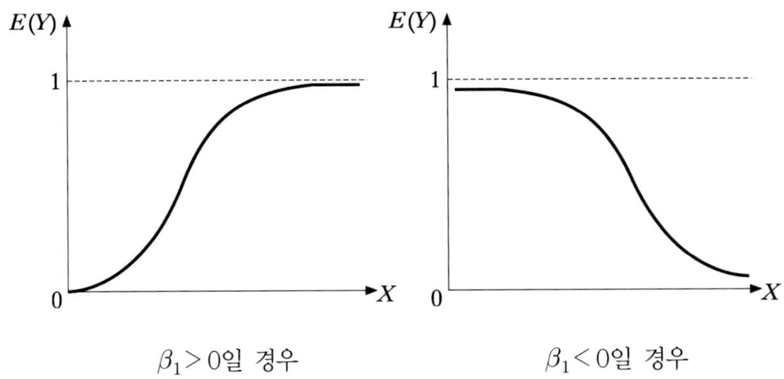

〈그림 2.4〉 로지스틱 회귀모형

[독립변수가 한 개일 경우의 로지스틱 회귀모형]

한 개의 독립변수 X를 포함하는 로지스틱 회귀모형(logistic regression model)은 다음과 같이 표현되어지며,

$$p_i = \frac{\exp(\beta_0 + \beta_1 x_i)}{1 + \exp(\beta_0 + \beta_1 x_i)}$$

이를 로지스틱 반응함수(logistic response function)라고도 한다.

로지스틱 모형은 적절한 변환을 통하여 곡선을 직선형태로 바꿀 수 있으며, 이러한 변환을 로짓변환(logit transformation)이라 한다. 로짓변환은 어떤 사건이 일어날 확률과 일어나지 않을 확률의 비 $p_i/(1-p_i) = \exp(\beta_0 + \beta_1 x_i)$의 양변에 자연로그를 취한 것을 말하며, 이러한 변환은 로지스틱모형을 독립변수 X에 대한 하나의 선형모형으로 바꾸어 주게 된다.

$$\text{로짓변환: } \ln\left(\frac{p_i}{1-p_i}\right) = \beta_0 + \beta_1 x_i \tag{2.4}$$

예제 2-2

인간은 유전자에 의하여 성별이 결정되지만 거북이는 부화온도에 따라 암수가 결정되어진다고 알려져 있다. 온도를 달리하면서 거북이의 알을 부화시킨 결과가 <표 2.2>와 같다고 할 때

〈표 2.2〉 온도변화에 따른 거북이 알의 부화 결과

온도(temp)	수컷수(male)	암컷수(female)	전체(total)
27.2	2	25	27
27.7	17	7	24
28.3	26	4	30
28.4	19	8	27
29.9	27	1	28

출처: William. M. Duckworth and W. Robert Stephensen (2000). Beyond Traditional Statistical Methods. Iowa State University NSF/ILI.

(1) 온도를 독립변수, 수컷비율 p_i를 종속변수로 한 단순선형회귀식을 추정하여라.

(2) (1)에서 추정된 회귀식으로부터 $x = (27.2,\ 27.7,\ 28.3,\ 28.4,\ 29.9)$에서의 예측확률값 $\hat{p}_i$을 구하여라.

(3) 로짓변환된 값 $\ln\left(\frac{p_i}{1-p_i}\right)$를 종속변수로 한 단순선형회귀식을 추정하여라.

(4) (3)에서 추정된 회귀식으로부터 $x = 27.2,\ 27.7,\ 28.3,\ 28.4,\ 29.9$에서의 예측확률값 $\hat{p}_i$을 구하여라.

(5) 적합된 회귀식을 그려라.

풀이 (1) 회귀식의 추정

(R 프로그램)

```
> x=c(27.2, 27.7, 28.3, 28.4, 29.9)
> male=c(2, 17, 26, 19, 27)
> female=c(25, 7, 4, 8, 1)
> total=male+female
> pmale=male/total
> regression.fit=lm(pmale~x)
> summary(regression.fit)
```

(출력 결과)

```
Call:
lm(formula = pmale ~ x)
Residuals:
       1        2        3        4        5
-0.29528  0.20532  0.20325  0.01356 -0.12685
Coefficients:
            Estimate  Std. Error  t value  Pr(>|t|)
(Intercept)  -6.9020     3.4737   -1.987     0.141
x             0.2673     0.1227    2.179     0.117
Residual standard error: 0.2496 on 3 degrees of freedom
Multiple R-squared: 0.6128,     Adjusted R-squared: 0.4838
F-statistic: 4.748 on 1 and 3 DF,  p-value: 0.1175
```

○ 단순선형회귀분석을 통하여 추정된 회귀식은 다음과 같다.

$$\hat{p}_i = -6.9020 + 0.2673\, x_i$$

(2) 예측값 $\hat{p_i}$의 출력

(R 프로그램)

```
> phat=coefficients(regression.fit)[1]+coefficients(regression.fit)[2]*x
> phat
```

(R 프로그램 설명)

○ coefficients(regression.fit)[1]과 coefficients(regression.fit)[2]는 출력 결과 중 coefficients: 에 주어진 추정값(Estimate) 중 첫 번째 값 -6.9020과 두 번째값 0.2673을 읽어 들이라는 명령어이다.

(출력 결과)

〈표 2.3〉 온도별 예측 확률값

온도(temp)	27.2	27.7	28.3	28.4	29.9
$\hat{p_i}$	0.3693	0.5030	0.6634	0.6901	1.0911

○ 선형회귀분석을 통하여 추정된 회귀식으로부터 예측된 값 중에는 1보다 큰 값이 존재한다.

(3) 회귀식의 추정

(R 프로그램)

```
> logit=log(pmale/(1-pmale))
> logit.fit=lm(logit~x)
> summary(logit.fit)
```

(출력 결과)

```
Call:
lm(formula = logit ~ x)
Residuals:
      1        2        3        4        5
-1.3837   1.1107   0.9930  -0.1976  -0.5224
Coefficients:
            Estimate  Std. Error t value Pr(>|t|)
(Intercept) -51.1122     16.9415  -3.017   0.0569 .
   x          1.8371      0.5983   3.070   0.0545 .
Signif. codes:  0 '***' 0.001 '**' 0.01 '*' 0.05 '.' 0.1 ' ' 1
Residual standard error: 1.217 on 3 degrees of freedom
```

```
Multiple R-squared: 0.7586,    Adjusted R-squared: 0.6781
F-statistic: 9.428 on 1 and 3 DF,  p-value: 0.05454
```

○ 로짓변환된 값을 이용하여 추정된 회귀식은 다음과 같다.

$$\ln\left(\frac{\hat{p}_i}{1-\hat{p}_i}\right) = -51.112 + 1.837\, x_i$$

(4) 예측값 $\hat{p}_i$의 출력

(R 프로그램)

```
> logithat=coefficients(logit.fit)[1]+coefficients(logit.fit)[2]*x
> pmalehat=exp(logithat)/(1+exp(logithat))
> pmalehat
```

(R 프로그램 설명)

○ pmalehat은 $\exp(-51.1122+1.8371x)/[1+\exp(-51.1122+1.8371x)]$값을 출력하기 위한 식을 의미한다.

(출력 결과)

〈표 2.4〉 온도별 예측 확률값

온도(temp)	27.2	27.7	28.3	28.4	29.9
$\hat{p}_i$	0.242	0.444	0.707	0.743	0.979

○ 로짓변환된 값을 종속변수, 온도를 독립변수로 한 단순선형 회귀분석 결과 예측확률 $\hat{p}_i$은 0과 1 사이의 값으로 제한되었음을 알 수 있다.

(5) 적합된 회귀곡선의 작성

(R 프로그램)

```
> tx=seq(27, 30, 0.1)
> logithat=coefficients(logit.fit)[1]+coefficients(logit.fit)[2]*tx
> pmalehat=exp(logithat)/(1+exp(logithat))
> plot(x, pmale, xlab="온도", ylab="수컷비율", main="부화온도에
  따른 수컷의 비율")
> lines(tx, pmalehat)
```

(R 프로그램 설명)

- tx=seq(27, 30, 0.1)은 27.0 27.1 27.2 27.3 27.4 27.5 27.6 27.7 27.8 27.9 28.0 28.1 28.2 28.3과 같이 0.1 단위로 하여 값을 30.0까지 산출하기 위하여 사용되었다.
- pmalehat은 27부터 30까지 0.1 단위로 x의 값을 변화시켜 가면서 $\hat{p_i}$의 값 즉 $\hat{p_i}=\dfrac{\exp(-51.1122+1.8371x)}{[1+\exp(-51.1122+1.8371x)]}$ 값을 출력하기 위하여 작성되었다.
- lines 함수는 로지스틱 회귀곡선을 그리기 위하여 사용되었다. line(tx, pmalehat)에서 첫 번째 인자는 x축의 값을, 두 번째 인자는 y축의 값을 각각 나타낸다.

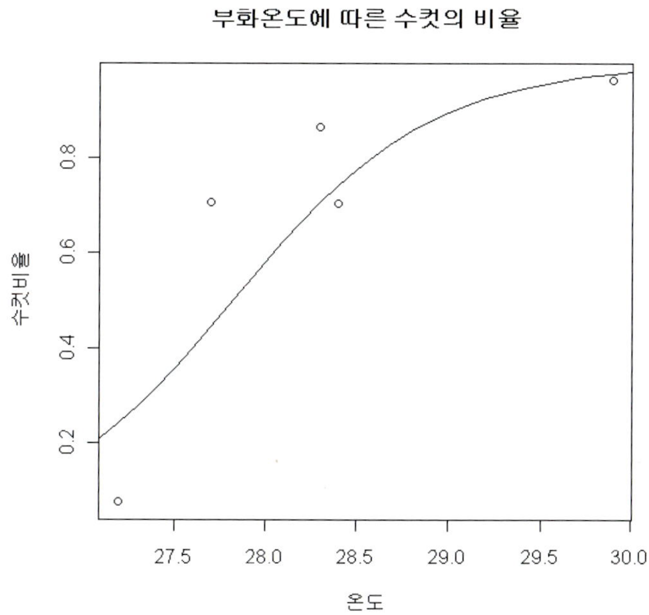

〈그림 2.5〉 적합된 로지스틱 회귀곡선

참고사항

기존의 단순선형회귀분석에서 회귀계수는 관측값과 예측값간의 차이 즉, 잔차의 제곱합을 최소로 하는 최소제곱법에 의하여 추정된다. 예제 2.2)에서는 로짓변환된 값을 종속변수로, 온도를 독립변수로 한 단순선형회귀분석을 이용하여 회귀식을 추정하였다. 하지만 로지스틱 회귀식의 추정에서 최소제곱법을 이용할 경우 추정된 회귀계수의 값들은 일반적으로 불안정한 것으로 알려져 있다.[2] 이러한 이유로 로지스틱 회귀분석에서는 기존의 회귀분석과는 다른 최대우도추정법을 사용하여 회귀방정식

2) 이군희(2001). 사회과학 연구방법론, 법문사, pp. 453~454.

을 추정한다. 최대우도추정법(maximum likelihood estimation method)은 관측값들이 가정된 모집단에서 하나의 표본으로 추출될 가능성이 가장 크게 되도록 하는 회귀계수값을 추정하는 방법으로서 표본의 수가 클 경우에는 최대우도추정법에 의한 추정값은 매우 안정적인 것으로 알려져 있다.

2-3 로지스틱 회귀식의 추정

로지스틱 회귀분석에서는 회귀모형의 비선형성으로 인하여 기존의 단순선형회귀분석에서 사용하는 최소제곱법인 아닌 다른 방법 즉, 최대우도추정법을 이용하여 회귀계수를 추정한다. 최대우도추정법은 우도함수를 최대화시키는 값들에 의해 모수를 추정하는 방법으로서 이때 우도함수(likelihood function)는 표본과 모수의 함수로서 표현된다.

$Y_1,\ Y_2,\ \cdots,\ Y_n$을 성공률 p_i가 다음과 같은 베르누이분포로부터 추출된 크기 n인 확률표본이라고 할 때[3]

$$P(Y_i=1)=p_i=\frac{\exp(\beta_0+\beta_1 x_i)}{1+\exp(\beta_0+\beta_1 x_i)}$$

우도함수는 이들 n개 확률표본들의 결합확률함수로서 다음과 같게 된다.

$$\begin{aligned}L(\beta_0,\ \beta_1\ ;\ y_1,\ y_2,\ \cdots,\ y_n)&=\prod_{i=1}^{n}f_i(y_i)=\prod_{i=1}^{n}p_i^{y_i}(1-p_i)^{1-y_i}\\&=\prod_{i=1}^{n}\left(\frac{\exp(\beta_0+\beta_1 x_i)}{1+\exp(\beta_0+\beta_1 x_i)}\right)^{y_i}\left(\frac{1}{1+\exp(\beta_0+\beta_1 x_i)}\right)^{1-y_i}\\&=\prod_{i=1}^{n}\frac{[\exp(\beta_0+\beta_1 x_i)]^{y_i}}{1+\exp(\beta_0+\beta_1 x_i)}\end{aligned}\tag{2.5}$$

3) Y_i가 모수 p_i인 베르누이분포를 따른다고 할 때 확률함수는 다음과 같이 정의된다.

$$f_i(y_i)=\begin{cases}p_i^{y_i}(1-p_i^{y_i}), & y_i=0,\ 1\\ 0, & \text{기타에서}\end{cases}$$

식 (2.5)의 양변에 로그를 취하면,

$$\ln L(\beta_0, \beta_1 : y_1, y_2, \cdots, y_n) = \sum_{i=1}^{n} y_i(\beta_0 + \beta_1 x_i) - \sum_{i=1}^{n} \ln[1 + \exp(\beta_0 + \beta_1 x_i)]$$

이를 β_0와 β_1에 대하여 각각 편미분하면 다음과 같게 되고

$$\frac{\partial \ln L(\beta_0, \beta_1)}{\partial \beta_0} = \sum_{i=1}^{n} y_i - \sum_{i=1}^{n} \frac{\exp(\beta_0 + \beta_1 x_i)}{[1 + \exp(\beta_0 + \beta_1 x_i)]}$$

$$\frac{\partial \ln L(\beta_0, \beta_1)}{\partial \beta_1} = \sum_{i=1}^{n} x_i y_i - \sum_{i=1}^{n} x_i \frac{\exp(\beta_0 + \beta_1 x_i)}{[1 + \exp(\beta_0 + \beta_1 x_i)]}$$

위의 두 식을 0으로 놓으면 다음과 같은 정규방정식을 얻게 된다.

$$\sum_{i=1}^{n} y_i = \sum_{i=1}^{n} \frac{\exp(\beta_0 + \beta_1 x_i)}{[1 + \exp(\beta_0 + \beta_1 x_i)]} = \sum_{i=1}^{n} p_i$$

$$\sum_{i=1}^{n} x_i y_i = \sum_{i=1}^{n} x_i \frac{\exp(\beta_0 + \beta_1 x_i)}{[1 + \exp(\beta_0 + \beta_1 x_i)]} = \sum_{i=1}^{n} x_i p_i$$

두 정규방정식으로부터 β_0와 β_1의 추정값을 구하면 되나 여기서 β_0와 β_1의 추정은 반복 계산 과정 즉, 초기값으로부터 시작하여 β_0와 β_1값을 계속적으로 변화시켜가면서 로그우도값이 수렴하게 될 때까지 반복하는 과정을 통하여 구해지게 된다.[4] 추정된 회귀계수를 b_0, b_1이라고 할 경우 로지스틱 회귀식은 다음과 같게 된다.

$$\hat{p_i} = \frac{\exp(b_0 + b_1 x_i)}{1 + \exp(b_0 + b_1 x_i)} \quad \text{또는} \quad \frac{1}{1 + \exp(-b_0 - b_1 x_i)}$$

예제 2-3

예제 2.2)의 자료로부터

(1) 최대우도추정법을 사용하여 로지스틱 회귀식을 추정하여라.

(2) 추정된 회귀식으로부터 $x = 27.2,\ 27.7,\ 28.3,\ 28.4,\ 29.9$에서의 예측확률값 $\hat{p_i}$을 구하여라.

(3) 적합된 로지스틱 회귀식을 그려라.

4) 일반적으로 뉴톤-라프슨(Newton-Raphson) 알고리즘을 이용하여 추정된다.

풀이 (1) 로지스틱 회귀식의 추정

(R 프로그램)

```
> logistic.fit=glm(pmale~x, family=binomial, weights=total)
> summary(logistic.fit)
```

○ 최소제곱법을 이용한 기존의 선형회귀분석과는 달리 최대우도추정법을 이용한 회귀계수의 추정을 위해서 R에서는 glm 함수(일반선형모형절차)를 이용한다. glm 함수의 사용 형식은 glm(모형, family=분포모양, data=자료명, link=형태)이며, 이때 분포 모양으로는 binomial, gaussian, poisson 등을 지정한다. 여기서는 종속변수가 이항변수이므로family=binomial, link=logit과 같이 입력해주면 된다.[5] 그리고 종속변수값이 상대도수(비율)로 주어졌으므로 선택사항인 weights를 사용하여 total이 전체 도수를 나타내는 인수임을 알려주어야 한다.

(출력 결과)

```
Call:
glm(formula = pmale ~ x, family = binomial, weights = total)
Deviance Residuals:
     1       2       3       4       5
-2.224   2.248   1.239  -1.382  -1.191
Coefficients:
              Estimate Std. Error z value Pr(>|z|)
(Intercept) -61.3183     12.0224  -5.100 3.39e-07 ***
x             2.2110      0.4309   5.132 2.87e-07 ***
---
Signif. codes:  0 '***' 0.001 '**' 0.01 '*' 0.05 '.' 0.1 ' ' 1
(Dispersion parameter for binomial family taken to be 1)
    Null deviance: 64.429  on 4  degrees of freedom
Residual deviance: 14.863  on 3  degrees of freedom
AIC: 33.542
Number of Fisher Scoring iterations: 5
```

5) $o \le E(Y_i | X = x_i) \le 1$을 만족시켜주는 S자형 곡선형태 중에서 일반적으로 로짓모형(logit model)과 프로빗모형(probit model)이 많이 사용된다. 프로빗모형은 표준정규분포의 누적분포함수의 역함수를 사용하여 $\Phi^{-1}(p_i) = \beta_0 + \beta_1 x_i$와 같이 p_i와 x_i사이의 관계를 표현해준다. 두 방법을 비교하면 p_i값이 1에 가까울 경우에는 프로빗모형이 로짓모형보다 p_i값을 높게 예측해 주며, 0에 가까울 경우에는 로짓모형이 프로빗모형보다 p_i값을 높게 예측해준다. 즉 로짓모형이 프로빗모형보다 더 완만한 S자형 곡선을 그린다고 할 수 있다.

○ 최대우도추정법을 이용하여 추정된 회귀식은 다음과 같다.

$$\ln\left(\frac{\hat{p_i}}{1-\hat{p_i}}\right) = -61.318 + 2.211\, x_i$$

(2) $\hat{p_i}$의 계산

(R 프로그램)

```
> logithat=coefficients(logistic.fit)[1]+coefficients(logistic.fit)[2]*x
> pmalehat=exp(logithat)/(1+exp(logithat))
> pmalehat
```

(출력 결과)

```
[1] 0.2353639 0.4818202 0.7779686 0.8138117 0.9917685
```

○ 추정된 회귀식으로부터 계산된 각 온도에 따른 예측 확률값 $\hat{p_i}$은 예제 2.2)에서 구한 선형회귀분석 결과 <표 2.4>와 비슷하다. 하지만 일반적으로 최소제곱법보다는 최대우도추정법을 이용하여 추정된 회귀계수값들이 보다 안정적인 것으로 알려져 있다.

(3) 적합된 회귀곡선 그리기

(R 프로그램)

```
> tx=seq(27, 30, 0.1)
> logithat=coefficients(logistic.fit)[1]+coefficients(logistic.fit)[2]*tx
> pmalehat=exp(logithat)/(1+exp(logithat))
> plot(x, pmale, xlab="온도", ylab="수컷비율",
  main="부화온도에 따른 수컷의 비율")
> lines(tx, pmalehat)
```

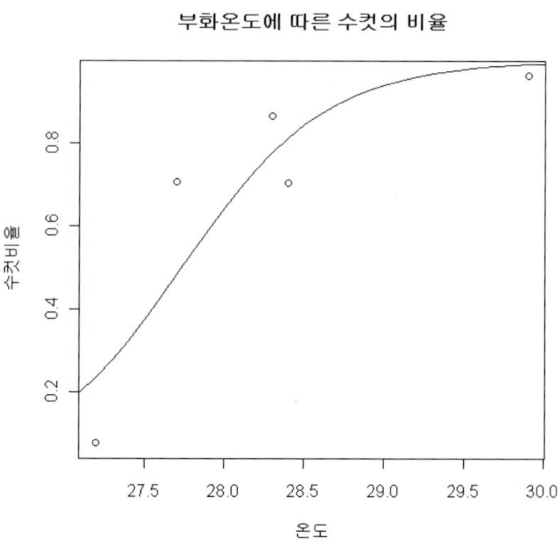

〈그림 2.6〉 적합된 회귀곡선

※ 로지스틱 회귀분석은 분류를 위한 목적으로 많이 사용된다. 이때 분류를 위한 경계값으로는 일반적으로 $\hat{p_i}=0.5$가 되는 독립변수의 값을 사용하게 되는데 여기서는 $-61.318+2.211\times x=0$이 되는 x값 즉 27.73℃가 바로 암컷과 수컷를 구별짓는 경계값이 된다.

참고사항

로지스틱 회귀분석에서 종속변수값이 상대도수(비율)를 나타낼 경우에는 선택사항인 weights를 사용하여 R 시스템에게 상대도수 계산 시 사용된 전체 도수에 대한 정보를 제공하여야 한다. 하지만 종속변수값이 도수를 나타낼 경우에는 R 시스템은 전체 도수를 입력된 자료로부터 자동적으로 계산하기 때문에 이때에는 weights를 입력할 필요가 없다. 암컷과 수컷에 대한 자료값이 도수를 나타내기 때문에 예제 2.3)의 (1)에서 R 프로그램은 다음과 같이 작성되어야 한다.

(R 프로그램)

```
> x=c(27.2, 27.7, 28.3, 28.4, 29.9)
> male=c(2, 17, 26, 19, 27)
> female=c(25, 7, 4, 8, 1)
> response=cbind(male, female)
> logistic.fit=glm(response~x, family=binomial)
> summary(logistic.fit)
```

2-4 회귀계수의 해석

로지스틱 회귀분석에서 회귀계수를 해석하는 것은 어렵다. 그 이유는 회귀모형이 비선형이기 때문에 독립변수 X를 한 단위 증가시킬 때 마다 예측값이 일정하게 변하는 것이 아니라 X 값의 위치에 따라 서로 다르게 변하기 때문이다. 따라서 로지스틱 회귀모형에서 회귀계수의 의미를 알기 위해서는 오즈(odds)의 개념을 이해하는 것이 필요하다.

성공=1, 실패=0으로 숫자화한 이항자료에서 성공률을 p_i라 할 때 오즈는 다음과 같이 정의된다.

$$\text{오즈}=\frac{\text{성공률}}{\text{실패율}}=\frac{p_i}{(1-p_i)}$$

오즈는 음이 아닌 실수값으로서 성공이 일어날 가능성이 높을 경우에는 1.0보다 큰 값을, 반대로 실패가 일어날 가능성이 높을 경우에는 1.0보다 작은 값을 가지게 된다. 예를 들어 성공률이 0.75이고 실패율이 0.25이면 오즈는 0.75/0.25=3.0이 되는데 이때의 3.0은 성공할 확률이 실패할 확률의 3배가 된다는 것을 의미한다. 반대로 성공률이 0.25이고 실패율이 0.75이면 오즈는 0.25/0.75=1/3이 되어 이때는 실패할 확률이 성공할 확률의 3배가 된다는 것을 의미한다.

로지스틱 회귀분석에서 사용되는 회귀모형은 오즈에 자연로그를 취한 로그오즈가 사용된다. 따라서 예측확률을 $\hat{p}_i$이라고 할 때 추정된 로그오즈는

$$\ln\left(\frac{\hat{p}_i}{1-\hat{p}_i}\right) = b_0 + b_1 x_i$$

가 되고, 여기서 양변에 지수를 취하게 되면 오즈는 다음과 같은 형태로 표현된다.

$$\frac{\hat{p}_i}{1-\hat{p}_i} = \exp(b_0 + b_1 x_i) = \exp(b_0)\exp(b_1 x_i) \tag{2.6}$$

식 (2.6)으로부터 우리는 X를 1 단위 증가시키게 되면 오즈의 예측값은 $\exp(b_1)$만큼 곱해지게 되고, 절편 b_0는 $x_i = 0$일 때 로그오즈의 예측값이 된다는 사실을 알 수 있다. 하지만 독립변수 X의 범위안에 0이 포함되지 않을 경우에는 절편 b_0은 실질적으로 아무런 의미를 갖지 못하는 값이 된다.

예제 2-4

예제 2.3)에서 회귀계수의 의미를 설명하여라.

풀이

추정된 회귀식은 $\ln\left(\frac{\hat{p}_i}{1-\hat{p}_i}\right) = -61.3183 + 2.2111 x_i$이므로 양변에 지수를 취하게 되면 오즈는 다음과 같게 된다.

$$\frac{\hat{p}_i}{1-\hat{p}_i} = \exp(-61.3183 + 2.2111 x_i) = \exp(-61.3183)\exp(2.2111 x_i)$$

27℃에서의 오즈 예측값은 0.20 즉 1/5이 된다. 이것은 27℃에서 알을 부화시킬 경우 수컷보다 암컷으로 부화될 가능성이 5배나 더 높다는 것을 의미한다. 그리고 28℃에서 오즈 예측값은 27℃에서의 오즈 예측값의 $\exp(2.2111) = 9.125$배가 된다. 즉 28℃에

서 알을 부화시킬 경우 암컷보다는 수컷으로 부화될 가능성이 $0.20 \times 9.125 = 1.825$ 배 즉, 약 2배 정도 된다고 할 수 있다. 29℃에서의 오즈 예측값은 28℃에서의 오즈 예측값의 9.125배가 된다. 이것은 29℃에서는 암컷보다는 수컷으로 부화될 가능성이 27℃에서보다 약 16배($1.825 \times 9.125 = 16.65$) 정도 높다는 것을 의미한다. 여기서 모든 관측값은 27℃와 30℃ 사이에서 얻어졌기 때문에 $X=0$는 이 범위 밖에 있다. 따라서 절편 -61.3168은 실질적으로 아무런 의미를 가지지 못하는 값이라고 할 수 있다.

2-5 다중 로지스틱회귀

독립변수가 하나인 로지스틱 회귀모형은 독립변수가 둘 또는 그 이상인 다중 로지스틱 회귀모형으로 쉽게 확장할 수 있다. 즉, k개의 독립변수 $X_1, X_2, \cdots, X_k$를 포함하는 다중 로지스틱 회귀모형은 독립변수가 하나인 회귀모형 $\beta_0 + \beta_1 X$ 대신 독립변수가 k개인 회귀모형 $\beta_0 + \beta_1 X_1 + \beta_2 X_2 + \cdots + \beta_k X_k$로 대체하면 되는 것이다. 다중 로지스틱 회귀모형은 행렬을 사용하여 다음과 같이 간단하게 표현할 수 있다. 즉

$$\boldsymbol{\beta} = \begin{pmatrix} \beta_0 \\ \beta_1 \\ \beta_2 \\ \vdots \\ \beta_k \end{pmatrix} \qquad \boldsymbol{X} = \begin{pmatrix} 1 \\ X_1 \\ X_2 \\ \vdots \\ X_k \end{pmatrix}$$

라고 할 경우

$$\boldsymbol{\beta}'\boldsymbol{X} = \beta_0 + \beta_1 X_1 + \beta_2 X_2 + \cdots + \beta_k X_k,$$

이므로 다중 로지스틱 회귀모형은 다음과 같게 된다.

$$E(Y_i) = p_i = \frac{\exp(\boldsymbol{\beta}'\boldsymbol{x}_i)}{1 + \exp(\boldsymbol{\beta}'\boldsymbol{x}_i)},$$

여기서

$$\boldsymbol{\beta}'\boldsymbol{x}_i = \beta_0 + \beta_1 x_{1i} + \beta_2 x_{2i} + \cdots + \beta_k x_{ki}$$

다중로지스틱 회귀모형에서 모수 β_0, β_1, $\cdots$, β_k의 추정 역시 최대우도추정법을 이용하여 이루어진다. 이때 로그우도함수는 다음과 같으며,

$$\ln L(\boldsymbol{\beta}) = \sum_{i=1}^{n} y_i(\boldsymbol{\beta}'\boldsymbol{x}_i) - \sum_{i=1}^{n} \ln[1+\exp(\boldsymbol{\beta}'\boldsymbol{x}_i)]$$

이를 최대화하는 모수 β_0, β_1, $\cdots$, β_k의 추정은 독립변수가 한 개인 로지스틱회귀의 경우와 동일한 요령으로 반복 계산과정에 의하여 구해지게 된다.

β_0, β_1, $\cdots$, β_k의 최대우도추정치를 b_0, b_1, $\cdots$, b_k라고 할 경우 추정된 회귀방정식은 다음과 같이 표현된다.

$$\hat{p_i} = \frac{\exp(\boldsymbol{b}'\boldsymbol{x}_i)}{1+\exp(\boldsymbol{b}'\boldsymbol{x}_i)}, \text{ 여기서 } \boldsymbol{b}' = (b_0,\ b_1,\ \cdots,\ b_k)$$

2-6 회귀모형의 적합성 검정

2.6.1 이탈도

로지스틱 회귀모형에 대한 추론은 종종 이탈도에 근거를 두고 이루어진다. 여기서 이탈도(deviance)[6]란 로그우도비 통계량(log-likelihood ratio statistic)을 -2배한 값으로서 다음과 같이 정의된다.[7]

$$\text{이탈도} = -2\ln\left(\frac{L_M}{L_S}\right) = -2(\ln L_M - \ln L_S)$$

이탈도는 주어진 자료에 적합시키기 위하여 가정되어지는 모형 M의 로그우도값 $\ln L_M$과 주어진 관측값의 개수만큼의 모수를 가지고 있는 모형 S[8]의 로그우도값 $\ln L_S$의 차이를 나타내며, 이를 이용하여 귀무가설 "H_0: 가정된 로지스틱 회귀모형은 주어진 자료에 적합하다"를 검정하게 된다.

---

6) 또는 잔차 이탈도(residual deviance)라고 불리기도 한다.

7) 우도비에 로그를 하고, -2배를 해주는 이유는 카이제곱분포에 근사시키기 위해서이다.

8) 관측값 y_1, $\cdots$, y_n이 각각 서로 다른 n개의 모수를 가진다고 할 경우 이 n개의 모수를 포함하는 모형은 주어진 n개의 관측값에 완벽하게 적합되어진다. 이러한 모형을 포화모형(saturated model)이라고 한다.

이탈도는 그 값이 작으면 작을수록 가정된 모형이 포화모형에 가깝다는 것을 의미하여, 결과적으로 가정된 로지스틱 회귀모형이 주어진 자료에 잘 적합하고 있음을 나타내게 된다. 반면에 이탈도의 값이 크다는 것은 가정된 회귀모형이 적합하지 않다는 것을 나타내게 된다.[9)]

이탈도는 표본의 크기가 클 경우 근사적으로 카이제곱분포를 따르며, 이때 자유도는 전체 관측값의 개수(n)에서 모형속에 포함된 모수의 개수(p)를 뺀 값인 $n-p$가 된다.

[이탈도를 이용한 로지스틱 회귀모형의 검정]

- 가설 H_0 : 가정된 로지스틱 회귀모형은 주어진 자료에 적합하다.

  H_1 : H_0가 아니다.

- 검정통계량

$$D = -2\ln\left(\frac{L_M}{L_S}\right) = -2(\ln L_M - \ln L_S)$$

- 계산된 검정통계량의 값을 d라고 할 때 주어진 유의수준 α에서

  $d \le \chi^2_\alpha(n-p)$ 또는 $P-$값$= P(D \ge d) \ge \alpha$이면 H_0 채택

  $d > \chi^2_\alpha(n-p)$ 또는 $P-$값$= P(D \ge d) < \alpha$이면 H_0 기각

예제 2-5

예제 2.3)의 로지스틱 회귀분석 결과로부터 가정된 로지스틱 회귀모형 $p = \exp(\beta_0+\beta_1 x)/[1+\exp(\beta_0+\beta_1 x)]$이 주어진 자료에 적합하다고 할 수 있는지를 유의수준 $\alpha = 0.05$에서 검정하여라.

풀이 R 프로그램의 실행 결과는 다음과 같다.

(출력 결과)

```
Coefficients:
             Estimate   Std. Error  z value  Pr(>|z|)
(Intercept) -61.3183    12.0224     -5.100   3.39e-07 ***
```

9) 로지스틱회귀에서의 이탈도는 선형회귀분석에서의 잔차제곱합(residual sum of squares)에 비유될 수 있다.

```
x              2.2110      0.4309      5.132    2.87e-07 ***
---
Signif. codes:  0 '***' 0.001 '**' 0.01 '*' 0.05 '.' 0.1 ' ' 1
(Dispersion parameter for binomial family taken to be 1)
    Null deviance: 64.429  on 4  degrees of freedom
Residual deviance: 14.863  on 3  degrees of freedom
```

<출력 결과>에서 5개의 관측값에 로지스틱 회귀모형을 적합시켰을 때의 이탈도에 대한 정보는 Residual deviance:란에 주어져 있다. 이탈도의 값은 14.863이고, 회귀모형은 두 개의 모수 β_0와 β_1을 포함하고 있고 자료의 개수는 5개이므로 자유도는 5-2=3이 된다. 카이제곱분포표로부터 $\chi^2_{0.05}(3) = 7.81$이므로 $d = 14.863 > \chi^2_{0.05}(3) = 7.81$이므로 "가정된 로지스틱모형이 주어진 자료에 적합하다"는 귀무가설 H_0는 기각된다. 참고적으로 $P-$값을 계산하면 $P(D \geq 14.863) = 0.0019$로 $\alpha = 0.05$보다 작으므로 동일한 결과를 얻게 된다.

참고사항

예제 2.5)에서 로지스틱 회귀모형이 수컷을 부화할 확률을 나타내는데 있어 적합한 모형이 아닌 것으로 판정되었다. 하지만 가정된 회귀모형이 비록 최적인 모형은 아닐지라도 여기서 독립변수로 사용된 온도가 수컷으로 부화할 확률 p_i를 예측함에 있어서 보다 가치있는 정보를 제공하고 있을지 모른다. 이러한 경우 우리는 확률 p_i를 예측함에 있어 온도를 고려한 모형이 온도를 고려하지 않은 모형보다 더 낫다고 할 수 있는지 또는 아닌지를 판단할 수 있는 통계적인 방법을 필요로 하게 된다.

2.6.2 부분 이탈도

다중 로지스틱회귀에서도 기존의 다중 선형회귀의 경우와 마찬가지로 고려되고 있는 독립변수 전체 중에서 일부의 변수를 모형 속에서 제외할 것인지 아닌지를 결정해야 하는 문제에 부닥치는 경우가 종종 있다. 이러한 경우에는 고려되고 있는 변수 전체를 포함한 모형을 적합시켜 얻은 이탈도와 일부 변수들을 제거한 모형을 적합시켜 얻은 이탈도의 차이를 이용하여 문제를 해결할 수 있으며, 이때 두 이탈도간의 차이를 부분 이탈도(partial deviance)라 부른다.

일반적으로 k개의 변수 $X_1, \cdots, X_k$를 모두 포함하는 완전모형(full model)의 경우와 k개 중에서 c개$(c < k)$의 변수 $X_1, \cdots, X_c$만을 포함하는 축소모형(reduced model)인

경우의 로지스틱 회귀모형은 각각 다음과 같이 표현되어진다.

$$\text{완전모형: } p = [1 + \exp(-\boldsymbol{\beta_F}'\boldsymbol{X})]^{-1}$$

$$\text{여기서 } \boldsymbol{\beta_F}'X = \beta_0 + \beta_1 X_1 + \cdots + \beta_k X_k$$

$$\text{축소모형: } p = [1 + \exp(-\boldsymbol{\beta_R}'\boldsymbol{X})]^{-1}$$

$$\text{여기서 } \boldsymbol{\beta_R}'X = \beta_0 + \beta_1 X_1 + \cdots + \beta_c X_c$$

이때 부분 이탈도는 다음과 같으며

$$\begin{aligned} \Delta &= \text{이탈도}_{\boldsymbol{R}} - \text{이탈도}_{\boldsymbol{F}} \\ &= -2(\ln L_R - \ln L_S) - \{-2(\ln L_F - \ln L_S)\} \\ &= 2\ln L_F - 2\ln L_R \end{aligned}$$

이는 다음과 같은 귀무가설 및 대립가설을 검정하기 위한 검정통계량으로 사용된다.

$$H_0 : \beta_{c+1} = \cdots = \beta_k = 0$$

$$H_1 : \text{ 모든 } \beta_i \text{는 0이 아니다. } i = c+1, \cdots, k$$

부분 이탈도 Δ값이 적다는 것은 독립변수 $X_{c+1}, \cdots, X_k$가 제거된 축소모형이 주어진 자료에 적합한 모형이라는 것(H_0 채택)을 의미하게 되고, 반면에 Δ값이 크다는 것은 독립변수 $X_{c+1}, \cdots, X_k$가 실질적으로 적합 정도를 개선하고 있기 때문에 축소모형보다는 완전모형이 주어진 자료에 적합한 모형이 된다는 것(H_0 기각)을 의미한다. 부분 이탈도 Δ는 표본의 크기 n이 매우 크고 귀무가설 H_0가 참인 상황하에서 근사적으로 자유도가 $k-c$인 카이제곱분포를 따르게 된다.

부분 이탈도를 이용한 검정

- 귀무가설 및 대립가설:

$$H_0 : \beta_{c+1} = \cdots = \beta_k = 0$$

$$H_1 : \text{ 모든 } \beta_i \text{는 0이 아니다. } i = c+1, \cdots, k$$

- 검정통계량: $\Delta = 2\ln L_{\boldsymbol{F}} - 2\ln L_{\boldsymbol{R}}$
- 계산된 검정통계량의 값을 δ라고 할 때 주어진 유의수준 α에서

$$\delta \le \chi^2_\alpha(k-c) \text{ 또는 } P-\text{값} = P(\Delta \ge \delta) \ge \alpha \text{이면 } H_0 \text{ 채택}$$

$$\delta > \chi^2_\alpha(k-c) \text{ 또는 } P-\text{값} = P(\Delta \ge \delta) < \alpha \text{이면 } H_0 \text{ 기각}$$

참고사항

R에서는 귀무 이탈도(null deviance)와 잔차 이탈도(residual deviance)의 값을 출력해준다. 출력 결과에서 귀무 이탈도는 절편만을 포함하는 로지스틱모형을 적합시킬 경우의 이탈도를, 잔차 이탈도는 독립변수를 포함하는 로지스틱모형을 적합시킬 경우의 이탈도를 나타낸다. 두 이탈도의 차이 즉, 부분 이탈도를 이용하여 독립변수가 p_i를 예측하는데 유의한 영향을 미쳤는지 아닌지를 통계적으로 판단하면 된다.[10)]

예제 2-6

예제 2.3)의 결과로부터 온도를 포함하는 로지스틱 회귀모형이 바람직한지의 여부를 유의수준 $\alpha = 0.05$에서 판단하여라.

풀이 귀무가설 및 대립가설은 다음과 같다.

$$H_0:\ \beta_1 = 0, \qquad H_1: \beta_1 \neq 0$$

예제 2.3)의 결과에서 귀무 이탈도의 값은 64.4285(자유도=4), 잔차 이탈도의 값은 14.8630(자유도=3)이므로 두 이탈도간의 차이는 d=64.4285-14.8630=49.5655가 된다. 자유도 1인 카이제곱분포표에서 $\chi^2_{0.05}(1) = 3.84$이므로 $d = 49.5655 > \chi^2_{0.05}(1) = 3.84$이므로 귀무가설 H_0는 기각된다. 따라서 온도는 수컷으로 부화될 확률을 예측함에 있어 통계적으로 유의한 독립변수가 된다고 할 수 있다. 즉, 온도를 포함하는 로지스틱 회귀모형이 상수항만을 가진 로지스틱 회귀모형보다 거북이의 알이 수컷으로 부화될 확률을 예측함에 있어 보다 유용한 모형이라고 할 수 있다($P-$값<0.001).

2.6.3 우도비 검정

로지스틱 회귀분석에서는 부분 이탈도를 이용하는 방법외에도 우도비를 이용하여 모형의 적합성 여부를 검정하기도 한다. 이때 우도비는 일반적인 우도비의 값을 -2배한 값 즉, $-2\ln L$을 사용하게 된다.[11)] 예를 들어, k개의 독립변수 $X_1,\ X_2,\ \cdots,\ X_k$를 포함하는 로지스틱 회귀모형이 주어진 자료에 적합한지의 여부는 다음과 같은 귀무가설 및 대립가설에 대한 검정을 통하여 결정하게 되며,

10) 부분 이탈도(귀무 이탈도와 잔차 이탈도간의 차이)는 기존의 회귀분석에서 잔차제곱합(오차제곱합)의 변화를 살펴보는 것과 유사하다고 할 수 있으며, 이때의 오차제곱합 변화는 모형속에 독립변수가 추가되었을 때 그 추가된 독립변수에 의해서 설명되어지는 변화량의 정도를 나타낸다.

11) -2배하는 이유는 이러한 변환이 근사적으로 카이제곱분포를 따르게 해주기 때문이다.

$$H_0 : \beta_1 = \beta_2 = \cdots = \beta_k = 0$$

H_1 : 적어도 하나의 β_j는 0이 아니다. $j = 1, \cdots, k$

이때 검정통계량으로는

$$X^2 = -2\ln\left(\frac{L_0}{L_k}\right) = 2\ln L_k - 2\ln L_0 \tag{2.7}$$

가 사용된다. 여기서 L_0는 상수항만을 포함할 경우의 우도값을, L_k는 k개의 독립변수를 포함할 경우의 우도값을 각각 나타낸다. 만약 로지스틱 회귀모형에 포함된 독립변수들이 종속변수의 변화에 영향을 미치지 못할 경우 두 우도값의 비 L_0/L_k는 거의 같아져 검정통계량 X^2의 값은 0에 가까운 작은 값을 가지게 된다. 그리고 이때 귀무가설 H_0는 채택되어 가정된 로지스틱 회귀모형이 주어진 자료에 적합하지 못한다고 결론을 내리게 된다. 반면에 가정된 로지스틱 회귀모형이 주어진 자료에 잘 적합할 경우에는 검정통계량 X^2의 값은 커지게 되고, 결과적으로 귀무가설 H_0는 기각되어진다. 검정통계량 X^2은 카이제곱분포를 따르며, 이때 자유도는 독립변수의 개수인 k가 된다.

우도비 검정

- 귀무가설 및 대립가설:

  $H_0 : \beta_1 = \beta_2 = \cdots = \beta_k = 0$

  H_1 : 적어도 하나의 β_j는 0이 아니다. $j = 1, \cdots, k$

- 검정통계량: $X^2 = -2\ln\left(\frac{L_0}{L_k}\right) = 2\ln L_k - 2\ln L_0$
- 계산된 검정통계량의 값을 χ_0^2라고 할 때 주어진 유의수준 α에서

  $\chi_0^2 \le \chi_\alpha^2(k)$ 또는 $P-$값$= P(X^2 \ge \chi_0^2) \ge \alpha$이면 H_0 채택

  $\chi_0^2 > \chi_\alpha^2(k)$ 또는 $P-$값$= P(X^2 \ge \chi_0^2) < \alpha$이면 H_0 기각

참고사항

부분 이탈도를 이용한 모형의 적합성 검정은 우도비를 이용한 검정과 동일하다. 즉, k개의 변수 $X_1, \cdots, X_k$를 모두 포함하는 완전모형과 상수항만을 포함하는 축소모형으로부터의 우도값을 각각 L_k와 L_0라고 할 경우 부분 이탈도

$$\Delta = -2\ln\left(\frac{L_0}{L_k}\right) = 2\ln L_k - 2\ln L_0$$

는 식 (2.7)에 주어진 통계량과 정확히 일치한다.

예제 2-7

탄소 이산화황가스(carbon disulphide)를 딱정벌레에 노출시켰을 때 죽는 딱정벌레의 수를 5개 수준의 가스량에 따라 조사한 결과가 <표 2.5>에 주어져 있다.

〈표 2.5〉 탄소 이산화황가스 노출과 딱정벌레의 자료

carbon	0	1	2	3	4
사망수	2	8	15	23	27
생존수	28	22	15	7	3

출처: Bliss, C. I.(1935). The Calculation of the dosage-mortality curve. Analysis of Applied Biology 22.

(1) 주어진 자료에 적합한 로지스틱 회귀식을 추정한 후, 그 적합성 여부를 유의수준 $\alpha = 0.05$에서 검정하여라.

(2) $\exp(b_1)$을 계산한 후, 그 의미를 설명하여라.

(3) 우도비 검정 결과를 출력하기 위한 R 프로그램을 작성하여라.

(4) 독립변수 carbon과 $\hat{p}$간에는 S자형 관계를, carbon과 $\ln\left(\dfrac{\hat{p}}{1-\hat{p}}\right)$사이에는 직선관계에 있음을 그림을 그려 확인하여라.

(5) $x = 0,\ 1,\ 2,\ 3,\ 4$에서의 $\hat{p}_i$값을 계산하기 위한 R 프로그램을 작성하여라.

풀이 (1) 로지스틱 회귀식의 추정과 적합성 검정

(R 프로그램)

```
> carbon=c(0, 1, 2, 3, 4)
> dead=c(2, 8, 15, 23, 27)
> alive=c(28, 22, 15, 7, 3)
> data1=cbind(dead, alive)
> logistic.fit=glm(data1~carbon, family=binomial)
> summary(logistic.fit)
```

(출력 결과)

```
Call:
glm(formula = data1 ~ carbon, family = binomial)
Deviance Residuals:
```

```
      1         2         3         4         5
 -0.4510    0.3597    0.0000    0.0643   -0.2045
Coefficients:
            Estimate  Std. Error  z value   Pr(>|z|)
(Intercept) -2.3238     0.4179    -5.561   2.69e-08 ***
carbon       1.1619     0.1814     6.405   1.51e-10 ***
---
Signif. codes:  0 '***' 0.001 '**' 0.01 '*' 0.05 '.' 0.1 ' ' 1
(Dispersion parameter for binomial family taken to be 1)
Null deviance: 64.76327  on 4  degrees of freedom
Residual deviance:  0.37875  on 3  degrees of freedom
AIC: 20.854
Number of Fisher Scoring iterations: 4
```

○ 추정된 회귀식은 다음과 같다.

$$\ln\left(\frac{\hat{p_i}}{1-\hat{p_i}}\right) = -2.3238 + 1.1619 \times carbon$$

○ 모형의 적합성 여부를 검정하기 위한 귀무가설 및 대립가설은 다음과 같으며,

H_0 : 가정된 로지스틱 회귀모형은 주어진 자료에 적합하다.

H_1 : H_0가 아니다.

이때 잔차 이탈도 $d = 0.37875 < \chi^2_{0.05}(3) = 7.81$이므로 귀무가설 H_0는 채택된다($P-$값$= 0.9445$).[12)]

(2) $\exp(b_1)$의 계산과 의미

(R 프로그램)

```
> exp(coef(logistic.fit)[2])
```

(출력 결과)

```
carbon
  3.195984
```

12) $P-$값 출력을 위한 R 프로그램은 다음과 같다: 1-pchisq(0.37875, 3)

○ 추정된 회귀식은 $\ln\left(\frac{\hat{p}_i}{1-\hat{p}_i}\right) = -2.3238 + 1.1619 \times carbon$이므로 오즈는 다음과 같다.

$$\left(\frac{\hat{p}_i}{1-\hat{p}_i}\right) = \exp(-2.3238)\exp(1.1619 \times carbon)$$

0수준에서의 오즈 예측값은 $\exp(-2.3238) = 0.0979$ 즉 약 1/10이며, 이것은 딱정벌레가 0수준의 탄소 이산화황에 노출되었을 때 살아있을 확률이 죽을 확률의 약 10배가 된다는 것을 의미한다. 1수준에서의 오즈 예측값은 $\exp(-2.3238) \times \exp(1.1619) = 0.3128$ 즉 약 1/3이므로 딱정벌레가 살아있을 확률은 죽을 확률의 약 3배 정도가 되어 0수준에서보다 살아있을 확률이 훨씬 줄어들고 있음을 알 수 있다.

(3) 우도비 검정 결과를 출력하기 위한 R 프로그램의 작성

(R 프로그램)

```
> anova(logistic.fit, test='Chisq')
```

(출력 결과)

```
Analysis of Deviance Table
Model: binomial, link: logit
Response: data1
Terms added sequentially (first to last)
        Df  Deviance Resid.  Df   Resid. Dev    P(>|Chi|)
NULL                         4     64.763
carbon  1    64.385          3      0.379     1.024e-15 ***
---
Signif. codes:  0 '***' 0.001 '**' 0.01 '*' 0.05 '.' 0.1 '
```

○ 우도비 검정 결과의 출력을 위해서 R에서 제공되는 함수는 anova이며, 여기서 선택문으로 test='Chisq'를 지정하면 된다.

○ 출력 결과에서 Deviance는 이탈도의 감소량(즉, 부분 이탈도=귀무 이탈도 - 잔차 이탈도)을, P(>|Chi|)는 이에 대한 $P-$값을 나타낸다. 여기서 이탈도의 감소량은 64.385이고, $P-$값은 $P(X^2(3) \geq 64.385) < 0.001$이므로 귀무가설 $H_0 : \beta_1 = 0$는 기각된다.

(4) 독립변수 carbon과 $\hat{p}$, carbon과 $\ln\left(\dfrac{\hat{p}}{1-\hat{p}}\right)$간의 관계

(R 프로그램)

```
> plot(carbon, dead/(dead+alive), xlab='carbon disulphide', ylab='probability')
> lines(seq(0, 4, by=0.1), 1/(1+exp(-coef(logistic.fit)[1]-coef(logistic.fit)[2]
*seq(0, 4, by=0.1))), col=2)
```

(출력 결과)

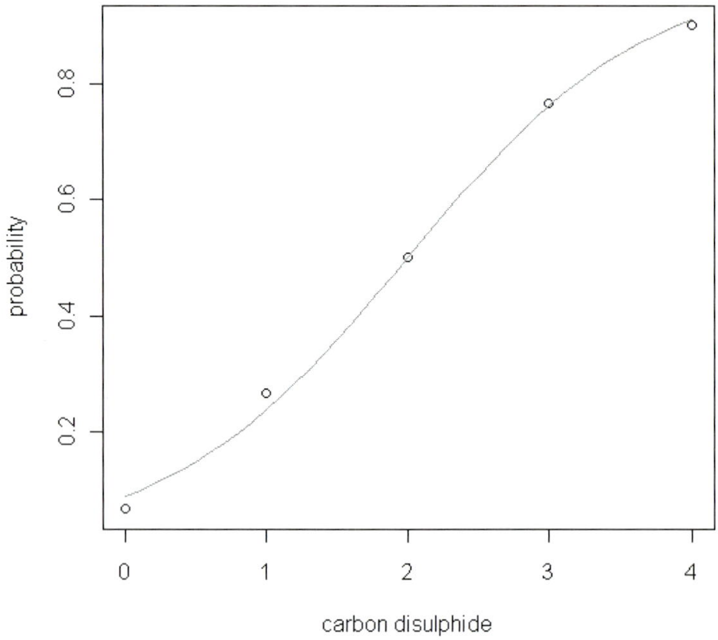

〈그림 2.7〉 carbon과 $\hat{p}$의 관계

(R 프로그램)

```
> plot(carbon, log((dead+1/2)/(alive+1/2)), xlab='carbon disulphide', ylab='logit')
> abline(coef(logistic.fit), col=2)
```

(출력 결과)

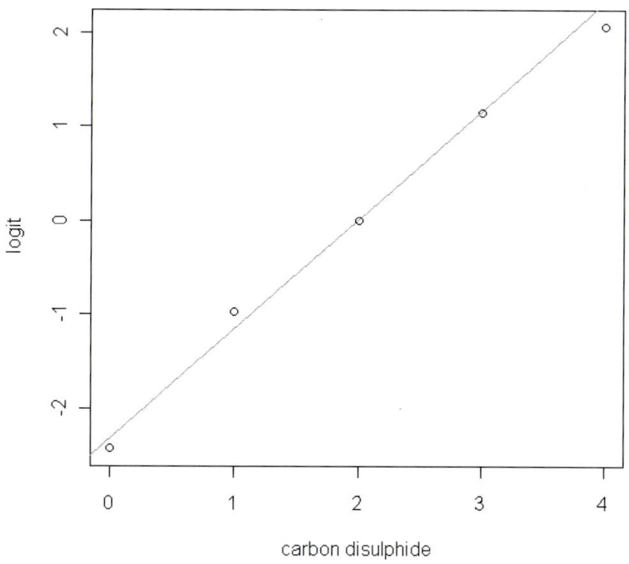

〈그림 2.8〉 carbon과 $\ln\left(\frac{\hat{p}}{1-\hat{p}}\right)$간의 관계

○ 로짓 $\ln\left(\frac{p}{1-p}\right)$은 성공률 p가 1 또는 0일 경우 정의되지 않는다. 이러한 문제점을 보완하기 위하여 일반적으로 다음과 같은 경험적인 로짓(empirical logit)을 사용하여 그림을 그리게 된다.

$$\text{empirical logit} = \ln\left(\frac{y_i + 1/2}{n_i - y_i + 1/2}\right)$$

여기서 y_i는 집단 i에서 관측된 성공수, n_i는 집단 i의 총 관측수

(5) $x = 0,\ 1,\ 2,\ 3,\ 4$에서의 $\hat{p}_i$값의 계산

(R 프로그램: 예측값 $\hat{p}_i$의 출력)

```
> phat=1/(1+exp(-coef(logistic.fit)[1]-coef(logistic.fit)[2]*0:4))
> phat
[1] 0.08917177 0.23832314 0.50000000 0.76167686 0.91082823
```

(R 프로그램 설명)

○ *0:4는 0에서 4까지 1단위로 증가하면서 곱하라는 의미이다.

2.6.4 특정 회귀계수 β_j에 대한 검정

다중로지스틱 회귀분석에서 어떤 특정한 독립변수 X_i를 모형속에 포함할 것인지 아닌지에 대한 검정 즉, 특정 회귀계수 β_i가 0인지 아닌지에 대한 검정은 앞에서 설명한 부분 이탈도를 이용하여 할 수 도 있지만 일반적으로 Z-통계량을 이용하여 이루어진다. Z-통계량은 다음과 같이 정의되며

$$Z = \frac{b_i - \beta_i}{\sqrt{V(b_i)}}$$

표본의 크기가 클 경우 Z-통계량은 근사적으로 표준정규분포 $N(0,\ 1)$을 따르게 된다.[13)]

[회귀계수 β_i의 검정]

- 가설: $H_0 : \beta_i = 0,\quad H_1 : \beta_i \neq 0$
- 검정통계량: $Z = \dfrac{b_i}{\sqrt{V(b_i)}}$
- 계산된 검정통계량의 값을 z_0라고 할 때 주어진 유의수준 α에서

  $|z_0| \le z_{\alpha/2}$ 또는 $P-$값$= P(|Z| \ge |z_0|) \ge \alpha$이면, H_0 를 채택

  $|z_0| > z_{\alpha/2}$ 또는 $P-$값$= P(|Z| \ge |z_0|) < \alpha$이면, H_0 를 기각

예제 2-8

흡연 여부에 영향을 미치는 요인을 분석하기 위한 연구에서 <표 2.6>과 같은 자료를 얻었다고 하자. 주어진 자료에 적합한 로지스틱 회귀식을 추정하여라. <표 2.6>에서 smok은 흡연 여부(1은 흡연, 0은 비흡연), sex는 성별(1은 남자, 2는 여자), fam는 가족 수, inc는 월수입, edu는 교육 정도(1은 초졸, 2는 중졸, 3은 고졸, 4는 대졸, 5는 대학원졸)를 각각 나타낸다. 단, 자료는 현재 사용중인 디렉토리에 data00.txt라는 이름으로 저장되어 있다.

---

13) SAS, SPSS 등의 통계패키지에서는 Wald의 카이제곱 통계량을 사용하여 회귀계수 각각에 대한 검정 결과를 제공하고 있다. Wald 카이제곱 통계량은 Z 통계량을 제곱한 값 즉 "Wald의 카이제곱 통계량=Z^2"으로 두 검정방법은 서로 동일한 검정법이라고 할 수 있다.

〈표 2.6〉 흡연 여부와의 관련성 분석을 위한 자료

smok	sex	fam	inc	edu	smok	sex	fam	inc	edu	smok	sex	fam	inc	edu
1	2	1	1.5	5	1	1	3	2.0	5	1	1	4	1.0	1
1	1	4	1.2	5	1	1	4	1.5	3	0	1	3	1.6	4
0	1	2	2.2	2	0	1	1	2.4	2	0	1	2	2.0	4
0	2	2	1.5	3	0	2	1	2.2	1	1	1	3	1.2	1
1	1	1	2.0	1	0	1	2	1.6	2	1	1	2	1.8	2
1	2	3	1.7	3	1	1	3	1.4	2	0	1	1	1.0	1
0	2	2	2.0	4	1	1	3	1.5	2	0	1	2	1.8	2
1	1	2	1.3	3	0	1	3	1.8	3	1	2	4	1.5	2
0	2	3	2.0	3	1	1	4	1.8	3	0	1	1	1.5	3
1	1	4	1.5	3	1	2	2	1.2	1	1	1	4	0.8	1
1	1	4	1.2	4	1	1	3	1.6	4	1	1	4	1.0	2
0	1	3	2.2	3	1	1	4	1.0	4					

풀이 (R 프로그램: 로지스틱 회귀분석)

```
> data0=read.table("data00.txt", header=T)
> logistic.fit=glm(smoking~factor(sex)+family+income+factor(edu),
   data=data0, family=binomial)
> summary(logistic.fit)
```

(출력 결과)

```
Call:
glm(formula = smoking ~ factor(sex) + family + income + factor(edu),
    family = binomial, data = data0)
Deviance Residuals:
     Min        1Q     Median       3Q       Max
-1.67971  -0.49545  0.01799  0.32395  1.74096
Coefficients:
               Estimate Std. Error z value Pr(>|z|)
(Intercept)      1.1568     3.3618   0.344   0.7308
factor(sex)2    -0.4499     1.4459  -0.311   0.7557
family           2.3727     1.0662   2.225   0.0261*
income          -2.3984     1.7716  -1.354   0.1758
factor(edu)2    -2.3999     2.1349  -1.124   0.2610
factor(edu)3    -3.7392     2.4621  -1.519   0.1288
```

```
factor(edu)4  -4.4383      2.7759   -1.599     0.1098
factor(edu)5  17.3556   2723.1272    0.006     0.9949
---
Signif. codes:  0 '***' 0.001 '**' 0.01 '*' 0.05 '.' 0.1 ' ' 1
(Dispersion parameter for binomial family taken to be 1)

    Null deviance: 47.111  on 34  degrees of freedom
Residual deviance: 21.864  on 27  degrees of freedom
AIC: 37.864

Number of Fisher Scoring iterations: 17
```

- 각 회귀계수에 대한 유의성 여부는 $Z-$ 통계량의 값(z value)과 이에 대한 $P-$값(Pr(>|z|))을 이용하여 알 수 있다. 출력 결과에서 보는 바와 같이 독립변수 family(가족 수)만이 유의수준 $\alpha = 0.05$에서 유의한 것으로 나타났다. 즉, 가족 수가 많을수록 흡연을 하는 경향이 높다고 할 수 있다.
- 모형의 적합성 여부를 판단하기 위한 이탈도의 값(Residual deviance) 21.864이며, 이때의 $P-$값은 0.7443으로 모형이 적합한 것으로 나타났다.[14]

참고사항

독립변수를 하나씩 추가할 경우 우도비 검정 결과는 anova 함수를 이용하여 다음과 같이 R 프로그램을 작성하면 된다.

```
> anova(logistic.fit, test='Chisq')
```

(출력 결과)

```
Analysis of Deviance Table
Model: binomial, link: logit
Response: smoke
Terms added sequentially (first to last)
            Df Deviance Resid. Df Resid. Dev  Pr(>Chi)
NULL                           34     47.111
factor(sex)  1   0.4262        33     46.685  0.513846
family       1  10.1617        32     36.523  0.001434 **
income       1   6.0276        31     30.495  0.014083 *
```

14) $P-$값 출력을 위한 R 프로그램: 1-pchisq(21.864, 27)

```
factor(edu)    4    8.6309          27      21.864    0.071016
---
Signif. codes:  0 '***' 0.001 '**' 0.01 '*' 0.05 '.' 0.1 ' ' 1
```

2.6.5 추정된 회귀모형의 적합정도

2.6.1절과 2.6.3절에서는 주어진 자료에 가정된 로지스틱 회귀모형이 적합한지 여부에 대한 검정을 하는 방법에 대하여 설명하였다. 그러나 검정 결과 가정된 회귀모형이 유의하다고 판정되었을 때 추정된 회귀직선이 주어진 자료에 어느 정도 잘 적합하고 있는지는 알 수가 없다. 다중선형 회귀분석에서는 추정된 회귀직선이 주어진 자료에 얼마나 잘 적합하고 있는지를 측정하기 위하여 결정계수 R^2을 사용하였다. 그러나 종속변수가 두 개의 값 즉, 0과 1만을 가지는 로지스틱 회귀분석에서는 이를 이용할 수 없다. 따라서 로지스틱 회귀분석에서는 관측결과와 예측결과의 일치성 정도를 나타내는 정분류률(correct classification)을 이용하여 적합 정도를 나타내게 된다.

로지스틱 회귀분석에서 종속변수 Y가 0과 1의 값을 가지고 독립변수의 수준 x에서 $Y=1$일 때의 값을 $\hat{p}_x$라고 하자. 이때 예측결과 $\hat{Y}$는 다음과 같은 분류기준에 의하여 분류가 되며,

$$\hat{Y} = \begin{cases} 0, & \hat{p}_x < d \text{일 때} \\ 1, & \hat{p}_x \geq d \text{일 때} \end{cases}$$

이러한 기준(일반적으로 $d=0.5$로 놓음)에 의하여 분류된 결과를 정리한 표를 분류표(classification table)라 한다.

〈표 2.7〉 분류표

		예측결과		계
		$\hat{Y}=0$	$\hat{Y}=1$	
관측 결과	$Y=0$	n_{00}	n_{01}	$n_{0\bullet}$
	$Y=1$	n_{10}	n_{11}	$n_{1\bullet}$
계		$n_{\bullet 0}$	$n_{\bullet 1}$	N

정분류율은 관측결과와 예측결과가 일치하는 비율로서 다음과 같이 계산된다.

$$\text{정분류율} = \left(\frac{n_{00}+n_{11}}{N}\right)\times 100$$

예제 2-9

예제 2.8)에서 추정된 로지스틱 회귀식을 이용하여 분류표와 정분류율을 출력하여라.

풀이 (R 프로그램: 로지스틱 회귀분석)

```
> data1=data0[,-1]
> p.hat=predict(logistic.fit, newdata = data1, type="response")
> y.hat=ifelse(p.hat>=0.5, 1, 0)
> result=table(smoking, y.hat)
> accuracy=(result[1, 1]+result[2, 2])/sum(result)*100
> accuracy
```

(R 프로그램 설명)

○ 예측값을 출력하기 위하여 사용되는 문장은 predict로 그 사용 형식은 다음과 같다.

Predict(추정 모형, newdata=사용 자료이름, type="response")

○ 예측확률이 0.5보다 크면 1(흡연), 0.5보다 작으면 0(비흡연)으로 분류하기 위하여 ifelse 문장이 사용되었다.

○ 문장 table(a, b)는 변수 a를 행, 변수 b를 열로 한 분할표를 작성하기 위하여 사용되었다.

(출력 결과)

```
      y.hat
smoke  0  1
    0 12  2
    1  4 17
[1] 82.85714
```

2-7 회귀모형의 선택

독립변수의 개수가 여러 개일 경우 주어진 자료에 적합한 회귀식을 구하기 위한 변수 선택방법으로는 전방선택법, 후방선택법, 단계별 선택법 등이 있다.

전방선택법(forward selection)은 대상이 되는 독립변수들 중에서 주어진 자료에 가장 적합하다고 판단되는 변수, 즉 이탈도의 감소량이 가장 큰 변수를 첫 번째로 모형에 포함되는 변수로 선택한다. 이때 이탈도의 감소량에 대한 통계적 검정 결과가 유의하면 두 번째 단계로 넘어가고 그렇지 않으면 상수항만을 포함하는 회귀모형으로 끝나게 된다. 두 번째 단계에서는 첫 번째 변수가 포함된 가운데 나머지 변수들 중 이탈도의 감소량이 가장 큰 변수를 선택하며, 이때 이탈도의 감소량에 대한 검정 결과가 유의하면 세 번째 단계로 넘어가고 그렇지 않으면 한 개의 독립변수를 포함하는 회귀모형으로 끝나게 된다. 이러한 절차를 반복하여 주어진 자료에 가장 적합한 회귀모형을 선택하는 방법을 전방선택법이라 한다.

후방선택법(backward selection)은 대상이 되는 모든 독립변수를 포함하는 모형으로부터 시작한다. 그런 후에 변수 하나하나가 모형으로부터 제거되었을 때의 이탈도의 감소량에 대한 유의성 여부를 검정한다. 이때 이탈도의 감소량에 대한 통계적 검정 결과가 유의하면 모든 변수가 포함된 모형을 선택하게 되고, 그렇지 않으면 그 변수를 제거한 후 다음 단계로 넘어가게 된다. 이러한 절차를 반복하여 이탈도의 변화가 유의하지 않은 변수를 하나씩 소거해 나간다.

단계별 선택법(stepwise selection)은 전방선택법과 후방선택법의 개념이 결합된 형태라고 할 수 있다. 즉, 전방선택 절차로 시작을 할 경우 매 단계에서 앞에서 포함된 변수들이 불필요한 것인지 아닌지를 점검하게 된다. 후방선택 절차로 시작할 경우 매 단계에서 앞에서 제거된 변수가 다시 모형속에 포함되는 것이 바람직한지를 검토하여야 한다.

위의 3가지 선택법 중에서 어느 방법이 가장 좋은 방법이라고 이야기할 수는 없다. 어떤 경우에는 똑같은 자료에 대해서 서로 다른 모형을 출력할 수도 있다. 따라서 가능한 모든 모형을 적합한 모형의 후보로 놓고서 다른 여러 가지 상황(해석의 용이성, 독립변수의 중요성 등)을 고려하여 적합하다고 판단되는 모형을 선택하는 것이 바람직하다.

예제 2-10

BPD(bronchopulmonary displasis)는 폐세포의 기능 저하를 나타내는 만성 폐 질환의 일종이다. BPD는 호흡장애증후군을 가지고 태어난 아기와 이유는 밝혀지지 않았지만 고농도의 산소에 노출된 신생아에게 나타나고 있다. <표 2.8>은 40명의 신생아를 대상으로 3가지 수준 즉, 저농도(21%에서 39%), 중농도(40%에서 79%), 고농도(80%에서 100%)로 산소에 노출된 시간과 BPD의 발병 여부를 측정한 결과이다. 여기서 BPD=1은 발병한 경우를, BPD=0은 발병하지 않은 경우를 나타낸다. <표 2.8>의 자료는 'exam5.txt'란 이름으로 현재 사용중인 디렉토리에 저장되어 있다고 가정한다.

〈표 2.8〉 3가지 수준에서의 산소 노출시간과 BPD의 발병 여부

Low	Medium	High	BPD	Low	Medium	High	BPD
102	89	0	0	790	161	231	1
7	233	1	0	1142	157	131	1
0	4	41	0	0	2	49	0
8	37	13	0	0	0	50	0
40	79	26	0	5	68	49	0
0	625	156	1	0	0	48	0
0	12	79	0	0	6	40	0
0	3	119	0	1	8	64	0
115	136	65	0	0	998	551	1
428	416	435	1	253	99	60	0
34	174	56	0	1395	799	244	1
0	0	37	0	0	0	50	0
97	162	89	0	1	68	145	0
56	47	132	0	1318	1724	331	1
1214	1515	324	1	0	0	79	0
30	103	161	1	3	31	37	0
8	11	158	0	195	108	206	1
52	155	144	0	0	15	121	0
142	119	24	0	0	278	513	1
1370	2968	1083	1	0	0	253	1

출처: Rupert Miller, et. al.(1980), Biostatistics Casebook, John Wiley & Sons, New York.

(1) Low, Medium, High 중 하나의 독립변수만을 포함한다고 할 경우 가장 적합한 회귀모형을 찾아라. 이때 자료값들의 간격이 너무 크고 일부 0인 값들도 있기 때문에 1을 더하여 로그변환된 값 lnL=ln(Low+1), lnM=ln(Medium+1), inH=ln(High+1)을 이용하여 적합하여라.

(2) 전방선택법을 사용하여 주어진 자료에 최적인 로지스틱 회귀모형을 구하여라.

풀이 (1) 적합한 회귀모형의 선택

(R 프로그램)

```
> temp=read.table("exam5.txt", header=T)
  > attach(temp)
  > lnL=log(Low+1); lnM=log(Medium+1); lnH=log(High+1)
  > outl=glm(BPD~lnL, data=temp, family=binomial)
  > anova(outl, test='Chisq')
  > out2=glm(BPD~lnM, data=temp, family=binomial)
  >  anova(out2, test='Chisq')
  > out3=glm(BPD~lnH, data=temp, family=binomial)
  >  anova(out3, test='Chisq')
```

(출력 결과)

○ 출력 결과를 요약하면 다음과 같으며, 여기서 우리는 하나의 독립변수만을 사용하여 자료에 적합시킨다고 할 경우 예측력이 가장 좋은 변수는 lnH라는 것을 알 수 있다.

단계	모형	이탈도		감소량		
		d	자유도	δ	자유도	$P-$값
0	$p_i = \dfrac{1}{1+\exp(-\beta_0)}$	50.446	39	–	–	–
1	$p_i = \dfrac{1}{1+\exp(-\beta_0-\beta_1 \ln L)}$	42.402	38	8.044	1	0.005
	$p_i = \dfrac{1}{1+\exp(-\beta_0-\beta_1 \ln M)}$	34.181	38	16.265	1	〈0.001
	$p_i = \dfrac{1}{1+\exp(-\beta_0-\beta_1 \ln H)}$	10.058	38	40.388	1	〈0.001

(2) 최적인 회귀모형의 선택

○ 세 변수 중 예측력이 가장 좋은 변수는 lnH이기 때문에 전방선택법을 사용할 경우 lnH를 포함하는 모형으로부터 시작하여야 한다. 독립변수 lnH에 독립변수 lnL과 lnM을 각각 추가할 경우 로지스틱 회귀분석을 위한 R 프로그램은 다음과 같다.

(R 프로그램: 전방선택법)

```
> out4=glm(BPD~lnH+lnL, data=temp, family=binomial)
 > anova(out4, test='Chisq')
```

(출력 결과)

```
Analysis of Deviance Table
Model: binomial, link: logit
Response: BPD
Terms added sequentially (first to last)
      Df Deviance Resid. Df Resid. Dev P(>|Chi|)
NULL                     39     50.446
lnH    1   40.388        38     10.058 2.082e-10 ***
lnL    1    1.787        37      8.272    0.1813
---
Signif. codes:  0 '***' 0.001 '**' 0.01 '*' 0.05 '.' 0.1 ' ' 1
Warning message:
glm.fit: fitted probabilities numerically 0 or 1 occurred
```

```
> out5=glm(BPD~lnH+lnM, data=temp, family=binomial)
 > anova(out5, test='Chisq')
```

(출력 결과)

```
Analysis of Deviance Table
Model: binomial, link: logit
Response: BPD
Terms added sequentially (first to last)
      Df Deviance Resid. Df Resid. Dev P(>|Chi|)
NULL                     39     50.446
lnH    1   40.388        38     10.058 2.082e-10 ***
lnM    1    3.580        37      6.478   0.05848 .
---
```

```
Signif. codes:  0 '***' 0.001 '**' 0.01 '*' 0.05 '.' 0.1 ' ' 1
Warning message:
glm.fit: fitted probabilities numerically 0 or 1 occurred
```

○ 독립변수 lnH를 포함한 모형에 독립변수 lnL 또는 lnM을 추가할 경우 이탈도의 감소량은 각각 1.787($P-$값=0.181)과 3.580($P-$값=0.058)으로 통계적으로 유의하지 않은 것으로 나타났다. 따라서 전방선택법에 의한 최적모형의 선택은 여기에서 멈추게 되고, 최적인 모형은 독립변수 lnH만을 포함하는 모형으로 귀결된다.[15)]

15) 독립변수들 사이에 상관관계(다중공선성)가 존재할 경우 변수선택방법에 따라 최적인 모형은 서로 다르게 나타날 수 있다.

연습문제

1. 새로이 개발된 방향 살충제의 효과를 검증하기 위한 실험에서 1,500 마리의 곤충을 6개 집단(각 집단에 250마리씩)으로 나누었다. 각 집단의 곤충들은 벽에 부착된 방향 살충제에 노출시켰다. 하루가 지난 후 곤충들의 생존여부(사망을 1, 생존을 0로 표기)를 조사한 결과는 아래 표와 같다. 여기서 X_j는 집단 j에서 곤충들에게 노출된 방향 살충제의 농도, R_j는 250마리 중에서 사망한 곤충수를 나타낸다.

j	1	2	3	4	5	6
X_j	1	2	3	4	5	6
n_j	250	250	250	250	250	250
R_j	25	53	93	93	172	197

(1) 로지스틱 회귀식을 추정하여라.

(2) 적합된 반응함수와 예측값 $\hat{p_j}$을 함께 그려라. 적합정도가 좋다고 할 수 있는가?

(3) $\exp(b_1)$의 값을 구하고 그 의미를 해석하여라.

(4) $X=3.5$인 수준에서 곤충이 사망할 확률은 얼마인가?

(5) 실험 곤충이 죽을 확률이 50%가 되는 방향 살충제의 농도는?

2. 대부분의 경우 로지스틱 회귀분석과 판별분석에서 출력되는 회귀계수값은 일치하지만 절편항은 다르게 나타날 수 있다. 로지스틱 회귀모형에서의 절편항은 두 집단을 구분하는 분류점(cutoff value)을 결정할 때 중요한 역할을 한다. 예제 2.1)에서 합격집단으로 분류되기 위한 교육일수를 구하여라.(힌트: $3.0597-0.1615X=0$을 만족하는 값이 합격할 확률이 0.5가 되는 교육일수를 의미함)

3. 예제 2.1)에서 X와 $\hat{p}$사이에는 S자형 관계를, X와 $\ln\left(\frac{\hat{p}}{1-\hat{p}}\right)$사이에는 선형관계를 가지고 있음을 그림으로 확인하기 위한 R 프로그램을 작성하여라.

[Hint]

```
>par(mfrow=c(1,2))
>phat = exp(-3.0597+0.16149*drive$교육시간)
       / (1 + exp(-3.0597+0.16149*drive$교육시간))
>plot(drive$교육시간, phat, main="로지스틱 회귀모형", xlab="교육시간")
>logit = log(phat/(1-phat))
>plot(drive$교육시간, logit, main="로지스틱 회귀모형", xlab="교육시간")
```

4. 예제 2.9)에서 후방선택법을 이용하여 적합한 로지스틱 회귀모형을 구하여라. 여기서 구한 모형은 전방선택법에 의하여 구한 회귀모형과 일치하는가?

5. 4종류의 Wechster Adult Intelligence Scale-Revised Test(Full Scale IQ: FSIQ, Verbal IQ: VIQ, Performance IQ: PIQ, Magnetic Resonance Imaging: MRI)와 몸무게(weight), 키(height) 등을 이용하여 성을 구분하기 위한 실험으로부터 다음과 같은 자료를 얻었다. 로지스틱 회귀모형을 적합시킨다고 할 때 주어진 자료에 적합한 회귀식을 추정하여라.

성별	FSIQ	VIQ	PIQ	weight	height	MRI
남자	149	150	124	166	72.5	100121
남자	139	123	150	143	73.3	1038437
남자	133	129	128	172	68.8	965353
남자	89	93	84	134	66.3	904858
남자	133	114	147	172	68.8	955466
남자	141	150	128	151	70.0	1079549
남자	135	129	124	155	69.1	924059
남자	100	96	102	178	73.5	945088
남자	80	77	86	180	70.0	889083
남자	83	83	86	166	71.4	892420
남자	97	107	84	186	76.5	905940
남자	139	145	128	132	68.0	955003

남자	141	145	131	171	72.0	935494
남자	103	96	110	187	77.0	1062462
남자	144	145	137	191	67.0	949589
남자	103	96	110	192	75.5	997925
남자	90	96	86	181	69.0	679987
남자	140	150	124	144	70.5	949395
남자	81	90	74	148	74.0	930016
남자	89	91	89	179	75.5	935863
여자	133	132	124	118	64.5	816932
여자	137	132	134	147	65.0	951545
여자	99	90	110	146	69.0	928799
여자	138	136	131	138	64.5	991305
여자	92	90	98	175	66.0	854258
여자	132	129	124	118	64.5	833868
여자	140	120	147	155	70.5	856472
여자	96	100	90	146	66.0	878897
여자	83	71	96	135	68.0	865363
여자	132	132	120	127	68.5	852244
여자	101	112	84	136	66.3	808020
여자	135	129	134	122	62.0	790619
여자	91	86	102	114	63.0	831772
여자	85	90	84	140	68.0	798612
여자	77	83	72	106	63.0	793549
여자	130	126	124	159	66.5	866662
여자	133	126	132	127	62.5	857782
여자	83	90	81	143	66.5	834344
여자	133	129	128	153	66.5	948066
여자	88	86	94	139	64.5	893983

출처: Willerman, L., Schultz, R., Rutledge, J.N., and Bigler, E.(1991). In Vivo Brain Size and Intelligence. Intelligence, 15, 223-228

참고문헌

Anderson, T.W. An Introduction to Multivariate Statistical Analysis(3rd ed.). New York; John Wiley, 2003.

Brain S. Everitt. An R and S_PLUS Companion to Multivariate Analysis. Springer, 2004.

Brain S. Everitt. A handbook of Statistical Analysis Using S-PLUS, second edition. Champman & Hall/CRC, 2002.

Johnson, R.A. & Wichern, D.W. Applied Multivariate Statistical Analysis. Prentice-Hall, Inc., Englewood Cliffs, New Jersey. 1982.

Johnson, R.A. & Wichern, D.W. Applied Multivariate Statistical Analysis(6th ed.). Pearson Education, Inc. 2007.

Tabachnick, B.G. & Fidell, L.S. Using Multivariate Statistics(4th ed.). A Pearson Education Company. 2001.

Timm, N.H. Applied Multivariate Analysis. Springer-Verlag New York, Inc. 2002.

Mardia, K.V. Measures of multivariate skewness and kurtosis with applications. Biometrika, 50, 519-530. 1970.

Mardia, K.V. Tests for univariate and multivariate normality. In Handbook of Statistic, Vol 1: Analysis of Variance, P.R. Krishnaiah(Ed.), 279-320. New York: North-Holland. 1980.

Romeu, J.L. and Ozturk, A. A comparative study of goodness-of-fit tests for multivariate normality. Journal of Multivariate Analysis, 46, 309-334. 1993.

이군희(2001). 사회과학 연구방법론, 법문사.

양병화(1998). 다변량 자료분석의 이해와 활용, 학지사

정강모, 김명근(2010). R기반 다변량 분석, 교우사.

김재화(2008). SAS를 이용한 다변량 통계분석, 교우사.

찾아보기

배현웅
육군사관학교 졸업(이학사)
미 아이오와 대학교 대학원 졸업(통계학 박사)
현재 육군사관학교 수학과 교수

방성완
육군사관학교 졸업(공학사)
고려대학교 대학원 졸업(통계학 박사)
현재 육군사관학교 수학과 조교수

R 통계학 총서 ④
R과 함께하는 판별분석과 로지스틱 회귀분석

2013년 4월 20일 초판 인쇄
2013년 4월 25일 초판 발행

저 자 / 배현웅 · 방성완
발행자 / 오판근
발행처 / 교우사

주 소 / 서울 동대문구 제기2동 148-19
전 화 / 925-2861(代), 편집부 / 925-2825
팩 스 / 925-2860
E-mail / kyowoo@kyowoo.co.kr
http://www.kyowoo.co.kr

등록 / 1994. 3. 24 제6-0256호

ISBN 978-89-8172-934-9 (94310)
978-89-8172-826-7 (세트)

값 10,000원